CO_2 无水压裂技术

王　峰　杨清海　许建国　王　峰　孟思炜　著

石油工业出版社

内 容 提 要

本书在简述 CO_2 无水压裂技术及国内外应用情况基础上，从蓄能、膨胀降黏、混相等角度论述了 CO_2 压裂机理，介绍了 CO_2 稠化的不同方法和途径，以及 CO_2 压裂的全密闭工艺流程和核心装备；阐述了 CO_2 压裂现场施工的选井选层、优化设计、压后管理和应急措施管理原则和方法，详细分析了技术应用实例，总结了现场实践认识，评价了该技术在增产、节水和 CO_2 封存方面的经济效益和社会效益，并展望了未来技术发展方向。

本书可供高等院校油气田开发工程专业的师生以及相关科研人员参考应用。

图书在版编目（CIP）数据

CO_2 无水压裂技术／王峰等著 . — 北京：石油工业出版社，2021.1

ISBN 978-7-5183-4251-8

Ⅰ.①C… Ⅱ.①王… Ⅲ.①二氧化碳-气体压裂
Ⅳ.①TE357.3

中国版本图书馆 CIP 数据核字（2020）第 188567 号

出版发行：石油工业出版社
　　　　　（北京安定门外安华里 2 区 1 号楼　100011）
　　　　　网　　址：www. petropub. com
　　　　　编辑部：（010）64210387
　　　　　图书营销中心：（010）64523633
经　　销　全国新华书店
印　　刷　北京晨旭印刷厂

2021 年 1 月第 1 版　2021 年 1 月第 1 次印刷
787×1092 毫米　开本：1/16　印张：9.5
字数：230 千字

定价：88.00 元

序

　　能源与水是人类生存、经济发展和社会进步的重要物质基础，能源开发过程中离不开水，两者协同健康发展直接关乎经济安全、生态安全乃至国家安全。中国能源与水资源问题较世界上其他国家更为突出和尖锐。

　　近十年来，中国新增石油储量 70% 以上属于低品位储量，它已经成为中国石油工业可持续发展最现实的战略接替资源，低品位油气资源的效益开发得益于水力压裂等工程技术的长足进步。然而，水力压裂技术水平的不断提高带来的不仅仅是单井产量与最终采收率的提升，还有巨大的水资源消耗和不良的环境影响。中国是联合国认定的 13 个贫水国之一，能源需求与水资源匮乏矛盾较世界上其他国家更为突出和尖锐，人均水资源占有量远低于世界平均水平，并且空间上呈逆向分布，部分重要的能源基地恰恰处于西北内陆和黄河中上游等最缺水流域，更加剧了能源开发与水资源短缺之间的矛盾。

　　CO_2 无水压裂技术用液态 CO_2 替代水作为压裂液对储集层进行增产改造，对大幅减少压裂过程中的水资源消耗、缓解能源与水资源矛盾具有重要意义。本书系统介绍了 CO_2 无水压裂技术的压裂机理、入井材料体系、压裂工艺装备、压裂设计方法、压后管理制度及现场应用情况，评价了其在节水、CO_2 埋存以及提高采收率等方面的经济和社会效益，并对未来技术发展方向进行了展望。书中以曲线、图表、图片、数据等形式，生动介绍了 CO_2 无水压裂技术的各个技术环节，内容丰富翔实。这些珍贵的资料和经验能给今后无水压裂技术的发展提供很好的借鉴。

　　本书对从事 CO_2 无水压裂技术研究和应用的工程科研人员有所裨益，书中的有些章节也可作为对工程技术人员进行专题培训的教材使用。该书的出版必将给人以启迪，有助于加强与同行之间的交流，是一本具有实用价值、值得推荐的好书。

　　我相信，经过广大科技工作者不懈的努力，CO_2 无水压裂技术必将日益成熟，压裂规模和适用范围也将不断扩大，该技术对于在化石能源领域建立能源减水化、低影响的生产模式，推进能源与水资源协同健康发展，具有重要的经济和社会效益。

2020 年 10 月

前　言

　　中美两国均是能源与水生产和消费大国，能源与水资源协同安全事关中美两国可持续发展大局。中华人民共和国科学技术部（以下简称中国科技部）与美国能源部在中美清洁能源联合中心（CERC）二期（2016—2020 年）中开展"能源与水"合作研究，中国科技部指导成立了"能源与水"中方产学研联盟，设立了国际科技合作项目"能源与水纽带关系及高效绿色利用关键技术"（2016—2020 年），拉开了中美双方在能源与水领域合作的序幕。

　　CO_2 无水压裂技术为中美"能源与水"政府间合作的重要研究内容，其采用 CO_2 替代水对储层进行压裂增产改造，旨在减少能源开发中的水资源消耗、实现温室气体埋存、提高压裂效果。笔者在中国科技部和中国石油天然气集团公司（以下简称中国石油）的大力支持下，对 CO_2 无水压裂技术开展了系统研究，在 CO_2 无水压裂机理、入井材料、压裂工艺、核心装备、压裂设计、安全管理、现场施工等方面都取得了一定的研究成果。这是一个化学、材料、机械、自动控制等学科相互渗透、交叉和补充的研究领域，既涉及理论分析、化学试验，又涉及工程实践。通过几年的科研工作，初步形成了一套 CO_2 无水压裂理论体系，试制了多套现场施工核心装备，制订了全封闭低温施工方法和工艺，成功地在中国石油吉林油田分公司（以下简称吉林油田）开展 20 余口井现场试验，总结出了 CO_2 无水压裂的实践认识。目前，该技术在核心装备、液量、加砂量等方面均已达到国际领先水平。但技术进步是无止境的，我们还将在现有研究基础上，进一步提高技术水平，拓展适用范围，不断促进 CO_2 无水压裂技术的进步。

　　在中美"能源与水"合作框架下，CO_2 无水压裂技术的美方合作伙伴为劳伦斯伯克利国家实验室（Lawrence Berkeley National Laboratory，LBNL）的 Jiamin Wan 和 Jens 团队。合作期间，美方伙伴向美国能源部提交了《无水压裂技术文献调研与分析》（*Literature Review and Analysis of Waterless Fracturing Methods*）报告。受美国能源部委托，中方团队对报告进行了评估，结果表明，该报告分析评价结论与中方对无水压裂技术的调研结果基本一致。本书 8.3 节引用了美方报告的部分内容，在此表示感谢。

　　本书撰写得到了中国石油吉林油田分公司、中国石油勘探开发研究院各级领导的关心和支持，项目相关人员更是付出了艰辛的劳动，期间详细查找资料、统计数据，认真总结和提升。中国石油吉林油田分公司油气工程研究院段永伟、陈实、王翠翠、赵晨旭、刘光玉、宣高亮、于雪盟、张珊美佳，中国石油勘探开发研究院高扬、付涛、李明、金旭、苏健、雷丹妮、于川、贾德利、王全宾、陶嘉平、王晓琦、苏玲给予了大力支持，在此一并表示感谢。

　　CO_2 无水压裂的研究是一项完整的系统工程，还有一些科研工作在研究当中或不够成熟，故未纳入本书中。笔者水平有限，书中难免存在疏漏和不当之处，恳请读者批评指正。

目　　录

1 概　述

近 10 年，中国新增石油储量超过 $100 \times 10^8 t$，70% 以上属于低品位储量，这类储量已经成为中国石油工业可持续发展最现实的战略接替资源。大力推动低渗透、超低渗透等低品位资源的勘探开发，将对缓解能源供需矛盾、调整能源结构起到重要作用，而压裂是低品位资源获得效益产量的关键技术[1-6]。中国石油每年新钻井的 70% 以上需要压裂投产，年压裂工作量保持在 15000 井次以上。近些年，伴随资源品味的不断降低以及油气资源勘探开发的理念创新和技术革命，压裂的作用和地位也进一步提升[7-9]。

水力压裂技术历经了近 70 年的发展，技术水平不断提高[10]。目前，通过缩短段间距、减少簇间距、增加压裂液量、提高每米加砂强度和全程大排量滑溜水等一系列措施，能够显著增加完井强度，促使裂缝复杂化，实现超级规模缝网，从而提高单井产量，大幅提高油井的整体产能[11-14]。以美国二叠系盆地为例，其每米支撑剂、压裂液用量已由 2012 年的 $0.994t$、$8.17m^3$ 剧增至 2016 年的 $2.23t$、$19.65m^3$。然而，"超级压裂" 和 "高密度完井" 在带来单井产量与最终采收率的提升同时，也导致了巨大的水资源消耗和不良的环境影响[15-19]。

中国是联合国认定的 13 个贫水国之一，能源需求与水资源匮乏的矛盾较世界上其他国家更为突出和尖锐，体现在人均水资源占有量低且时空分布不均匀。中国人均水资源占有量 $2100m^3$，远低于 $7350m^3$ 的世界平均水平。此外，中国能源与水资源空间上呈逆向分布，部分重要的能源基地恰恰处于西北内陆和黄河中上游等最缺水流域，更加剧了能源开发与水资源短缺之间的矛盾[20-22]。

在中国水资源匮乏和分布不均的现实条件下，为了提高单井产量、保障国家能源安全，在发展水力压裂技术的同时，还应该大力发展无水压裂技术，即使用非水压裂介质进行作业，在大规模改造储层、补充地层能量的同时，最大幅度减少水资源在能源开发过程中的消耗。

目前，无水压裂技术主要有 CO_2 无水压裂、液化石油气压裂（LPG）、液化天然气压裂（LNG）、N_2 压裂及液氮压裂等[23-29]。和其他无水压裂技术相比，CO_2 无水压裂技术在技术适应性、造缝能力、施工成本、作业安全方面具有一定优势，并且已获得大量的现场应用。同时，CO_2 无水压裂技术在提高采收率和节约水资源的同时，还能够实现温室气体埋存，经济和社会效益并重。因此，本书系统地介绍 CO_2 无水压裂技术的压裂机理、入井材料体系、压裂工艺装备、压裂设计方法及现场应用情况，并对其发展方向做出展望[30-33]。

1.1　CO_2 基本性质

CO_2 是广泛存在于自然界中的一种无色、无臭、无味、无毒、能溶于水的气体。在常

1

温下（25℃）CO_2 在水中的溶解度为0.144g/100g，水溶液呈弱酸性；CO_2 的密度比空气重，在压力为0.1MPa、温度为0℃时密度为1.997g/L，是空气的1.53倍；CO_2 无毒，但有一定的腐蚀性，不能供给动物呼吸，是一种窒息性气体；CO_2 溶于水后，水中pH值会降低，会对水中生物产生危害；它既不可燃，也不助燃，易被液化，在大气中的体积分数约为0.03%～0.04%。但近年来，随着全球工业化进程加快，大气中的 CO_2 含量不断增高，造成了温室效应，影响了生态平衡。

CO_2 基本物理性质见表1.1。

表1.1　CO_2 基本物理性质

物性参数	数值
相对分子质量	44.01
摩尔体积	22.26L/mol
绝热系数	1.295
三相点	$T=-56.56℃$，$p=0.52MPa$
沸点	$-78.5℃$
气态密度	1.997g/L（0℃，101.325kPa）
液态密度	0.9295 kg/L（0℃，101.3485kPa）
固态密度	1.782kg/L（$-90℃$，101.325kPa）
临界温度	31.1℃
临界压力	7.38MPa
临界状态下流体密度	448kg/m³
临界状态下压缩系数	0.315
临界状态下偏差系数	0.274
临界状态下偏差因子	0.225
临界状态下流体黏度	0.404mPa·s
标准状态下流体黏度	0.138mPa·s
标准状态下比定压热容	0.85kJ/（kg·K）

CO_2 分子是直线型的非极性分子，可溶于脂溶性物质，但也可溶于极性较强的溶剂中。CO_2 分子的偶极距为零，碳原子与两个氧原子之间以sp杂化轨道的形式形成σ键，而碳和氧剩下的2py和2pz轨道及上面的电子则形成两个互相垂直的3中心4电子离域的π键。碳氧双键长为116pm，比羧基中的碳氧键短。随着温度和压力的变化，CO_2 的相态会发生改变。在不同的温度和压力条件下，CO_2 能以4种状态存在，即固态、液态、气态和超临界状态，如图1.1所示。

CO_2 具有固、液、气的三相共存点，三相点对应的温度和压力分别为$-56.56℃$和0.52MPa。在该点附近，温度和压力的微小改变都会引起 CO_2 相态的变化；CO_2 的临界温度为31.1℃，低于该温度，纯 CO_2 可以呈气态或液态，但超过临界温度后，CO_2 在任何压

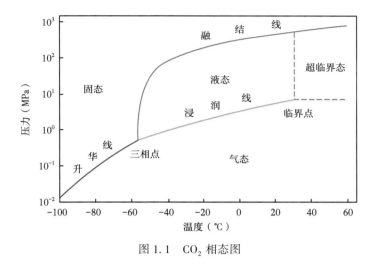

图 1.1   CO$_2$ 相态图

力下都不以液态存在。CO$_2$ 的临界压力为 7.38MPa，低于该压力，CO$_2$ 可以以液态或气态存在，但高于这一压力后，在任何温度下 CO$_2$ 都不以气态存在。CO$_2$ 相态变化过程如图 1.2 所示。

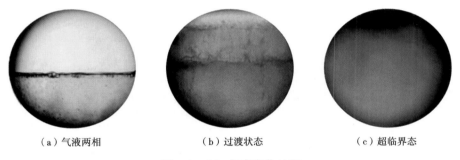

（a）气液两相   （b）过渡状态   （c）超临界态

图 1.2   CO$_2$ 相态变化过程

液态 CO$_2$ 是指高压低温下将 CO$_2$ 气体液化为液体形态，密度 1.101g/cm^3（−37℃）。液态的 CO$_2$ 蒸发时会吸收大量的热，因此可以作为制冷剂来保藏食品，也可用于人工降雨；当它放出大量的热时，则会凝成固体 CO$_2$，俗称干冰。它还是一种工业原料，可用于制纯碱、尿素和汽水。

当温度超过 31.1℃、压力超过 7.38MPa，CO$_2$ 相变为超临界态，其具有以下特殊性质：

（1）黏度小，接近于气态，传质和传热性能好。

（2）密度大，接近于液态，且可以随温度、压力变化在一个较大的范围内连续变化。

（3）扩散系数大，接近于气态，有非常好的扩散性能。

（4）溶剂化能力强，具有很好的溶解能力。

（5）其他：物性参数随着温度压力改变而变化较大；不存在气化，表面张力近于零；比热容和导热系数相对于气态骤增等。

储层条件下，CO_2 通常处于超临界态，黏度极低，而且其黏度、密度、表面张力等物理性质与温度和压力密切相关，压裂过程中滤失量大、造缝能力不足、携砂能力差、容易脱砂、形成砂堵，一般需要加入增稠剂提高黏度，但黏度仍然较低，其流变特性和滤失特征难以确定。同时 CO_2 在进入地层后溶于原油，会发生溶解降黏、扩散、降低界面张力等一系列复杂效应，返排过程中具有增能、溶解气驱的作用，有利于提高采收率[34-36]。

1.2 技术简介

CO_2 无水压裂技术，也称为液态 CO_2 压裂技术、CO_2 干法压裂技术，是以液态 CO_2 为压裂液，以石英砂或陶粒等高强固体为支撑剂的一种无水相增产改造技术。与常规水力压裂相比，能够对储层进行无伤害改造，有效降低原油黏度，高效置换烃类气体，增加地层能量，在提高单井产能的同时，大量节约水资源，同时实现温室气体埋存[37-39]。

CO_2 无水压裂的基本施工流程如图 1.3 所示。首先将若干 CO_2 储罐并联，并依次连接增压泵车、密闭混砂车、压裂泵车、井口装置等，将仪表车与上述各车辆或设备连通并监控工作状态；利用气态 CO_2 对地面管线进行清扫，清除管线中的杂物，将支撑剂装入密闭混砂罐中并注入液态 CO_2 预冷，对高压管线井口、压裂泵车进行试压，若试压结果符合要求则进行后续步骤；将液态 CO_2 注入地层，压开地层并使裂缝延伸，然后打开密闭混砂设备注入支撑剂，支撑剂注完后进行顶替，直到支撑剂刚好完全进入地层，停泵；最后依次进行闷井、返排等一系列工作。

图 1.3　地面流程图

1.2.1 技术优势

CO_2 无水压裂技术被视为开发非常规油气藏的替代技术，采用 100% 液态或超临界态 CO_2 取代水作为压裂介质对地层进行压裂增产改造，从而大幅减少非常规资源开发过程中水资源的消耗。此外，由于 CO_2 具有独特的物理化学性质，相较于传统水力压裂 CO_2 无水压裂技术具有以下优点[30, 39, 40]：

（1）无伤害改造：CO_2 无水压裂过程中没有水的介入，能够有效减少储层黏土矿物运移和膨胀，消除水敏和水锁伤害，不会造成残渣伤害。

（2）原油降黏：CO_2 易溶于原油，增加原油弹性能量并降低原油黏度，提升原油流动性，利于开采。

（3）竞争吸附：CO_2 在煤岩、页岩的吸附能力高于甲烷，可竞争吸附置换其中的烃类气，提高单井产量和采收率。

（4）增加地层能量和改造体积：压裂过程中，在不同的温度和压力条件下，CO_2 相态将发生变化。CO_2 在储层中变为超临界态，具有优异的流动性，能够进入致密储层微裂隙和毛细孔隙，降低岩石破裂能；压后返排过程中，地层压力迅速下降，CO_2 从超临界态变成气态并返排至地表，体积膨胀，补充地层能量，提高裂缝内净压力。

（5）CO_2 埋存：压裂后 65% 以上的 CO_2 由于扩散、置换、吸附等作用滞留于地层，返排部分收集再利用工艺简单。

CO_2 无水压裂和其他无水压裂技术相比，也具有明显优势。美国肯塔基州东部最大的天然气藏 Big Sandy 气藏，主要为干气气藏，其天然气资源主要储集于高水敏性的泥盆纪页岩中。该气藏采用多种无水压裂技术进行储层改造，不同压裂改造工艺对其产量影响见表 1.2，可以看出，相比于其他无水压裂技术，CO_2 无水加砂压裂技术的增产优势明显。

表 1.2　不同压裂改造工艺对 Big Sandy 气藏产量的影响

压裂工艺类型	平均 5 年累计产量（$10^6 ft^3$❶）
CO_2 无水加砂压裂	68.3
注 N_2 压裂	22.9
注 N_2 泡沫压裂	10.5

1.2.2　技术缺陷

与传统的水力压裂技术相比，CO_2 无水压裂技术在原油降黏、地层能量补充、气体吸附等方面具有明显优势。但该技术还处于小规模测试和应用阶段，在技术上也存在一定缺陷，具体如下[39, 40]。

（1）CO_2 无水加砂压裂施工需配备特殊的密闭混砂装置，其有限体积限制了施工加砂规模。

（2）液态 CO_2 的输送及其在高压密闭储罐中的储存，会给现场施工带来一定风险。

（3）CO_2 黏度低（油藏条件下 0.020 ~ 1.000mPa·s）。低黏度导致压裂液滤失严重（滤液进入低渗透率的岩石基质），降低携砂性能（支撑剂输送），限制造缝能力（裂缝开度小）。

（4）CO_2 无水压裂施工过程中，为实现支撑剂的有效输送，通常需要相应提高施工排量，导致极高的摩阻压力损失，现场施工需配备使用高性能的地面泵注设备。

1.2.3　适用的地质条件

不同的油气藏具有不同的地质特征、开发要求和工程条件，CO_2 无水压裂技术自身的特点及工程实践经验得出其适用的地质条件[33, 37, 39-41]。

（1）储层渗透率：CO_2 压裂液滤失性强，室内动态滤失实验评价，10℃、8MPa 条件

---

❶　$1ft^3 = 0.0283m^3$。

下滤失系数为（0.1~10）×10⁻³，远高于水，显示其几乎没有造壁性。为保证远井区域改造效果，目标储层渗透率应低于 10mD。

（2）地层水：CO_2 本身并不与储层岩石矿物发生反应或反应速率极慢。在有水及二价金属离子（例如 Ca^{2+}、Mg^{2+}、Fe^{2+}）的条件下，CO_2 会与其反应，产生碳酸盐沉淀物，快速堵塞现有孔隙，降低储层孔隙度及渗透率，并影响最终的压裂改造效果及后续产量。然而，只有储层岩石含有钙长石 $CaAl_2Si_2O_8$ 时，才会发生沉淀反应。

CO_2 溶解后，电离生成碳酸根和碳酸氢根：

$$CO_2（aq）+H_2O \rightleftharpoons H_2CO_3 \rightleftharpoons HCO_3^- + H^+ \rightleftharpoons CO_3^{2-} + 2H^+ \qquad (1.1)$$

如果溶液中存在二价金属阳离子，将反应生产碳酸盐沉淀：

$$（Ca、Mg、Fe）^{2+} + HCO_3^- \rightleftharpoons （Ca、Mg、Fe）CO_3 + H^+ \qquad (1.2)$$

$$（Ca、Mg、Fe）^{2+} + CO_3^{2-} \rightleftharpoons （Ca、Mg、Fe）CO_3 \qquad (1.3)$$

式（1.1）和式（1.2）中产生的 H^+，并且只有当 H^+ 被持续消耗时，反应才会继续发生。水岩反应继续，如钙长石溶解反应［式（1.4）］，反应消耗 H^+，驱动式（1.1）和式（1.2）向右进行，并最终导致碳酸盐大量沉淀。

$$CaAl_2Si_2O_8 + 2H^+ + H_2O \rightleftharpoons Ca^{2+} + Al_2Si_2O_5（OH）_4 \qquad (1.4)$$

在加拿大及美国的 CO_2 压裂施工作业中，该工艺多被设计应用于无自由水及注入水的水敏性储层作业。在对具有不利地质条件的新地层进行 CO_2 压裂施工前，需合理评价储层含水情况及后期开发注水的可能性。

（3）储层埋深：CO_2 压裂液是常规瓜尔胶摩阻的 1.9 倍，且需大排量注入以提高携砂稳定性，对泵注设备要求较高，结合现有施工条件认为该技术适用于中浅层改造。

（4）储层压力系数：CO_2 具有较好的压缩性，其增能效果远高于水基压裂液，特别适合欠压油气藏的储层改造。

（5）储层敏感性：水与天然气、原油无法混溶，这样就增加了水从储层孔隙返排至压裂裂缝和生产井筒中的难度。当然，使用水基压裂液的缺点并不仅仅在于其非混相降低了渗透率，同时它还会引起黏土水化膨胀导致油藏储层的孔隙体积的降低。CO_2 压裂液无水相存在，非常适合于水敏性储层压裂改造。

（6）原油黏度：CO_2 易溶于原油，大幅降低其黏度，适合改造重烃油藏。

1.3 国内外应用情况

CO_2 无水压裂技术起源于加拿大，1981 年 7 月 16 日，在 Glauconite 的砂岩地层进行了最早的一次施工[42]。随后，CO_2 无水压裂技术和操作程序都得到了快速的发展和改进。加拿大的 Fracmaster 公司进行了为期约 1 年的室内试验后，经过多次技术（特别是混砂仪器）和现场操作的改进后，将此项技术推向现场。1982 年，Fracmaster 进行了 40 多次施工，压后产量数据表明，实施 CO_2 无水压裂后，产能较常规压裂好，产能比邻井高 1.5 倍。

1993 年，在美国能源部（DOE）的支持下，在肯塔基州东部的泥盆纪水敏性页岩储

层开展了 CO_2 无水压裂试验[30]，第一批有 5 口井。结果显示，CO_2 无水加砂压裂后的产量比氮气压裂和氮气泡沫压裂的产量都大。9 个月的生产资料分析结果表明：CO_2 无水加砂压裂单井产量分别比氮气压裂和氮气泡沫压裂高 $3.8 \times 10^5 m^3$ 和 $6.2 \times 10^5 m^3$。相关报道显示，在宾夕法尼亚州西部、得克萨斯州及科罗拉多州泥盆系页岩储层开发中均使用过液态 CO_2 无水压裂技术[34]。目前，北美已形成了配套装备与工艺技术系列，广泛应用于 $1 \sim 10mD$ 的油藏中，现场应用超过 1200 井次，其中 CO_2 无水压裂单井最大加砂量 $18m^3$，最高砂比 29.7%。Praxair、Baker Hughes、Schlumberge、Gasfrac、SS 等公司均提供 CO_2 无水压裂技术服务，最大施工砂比超过 30%[28,39,43-45]。

中国 CO_2 无水压裂技术起步较晚，2013 年长庆苏里格气田率先在国内开展了 CO_2 无水加砂压裂现场试验，泵入液态 CO_2 $254m^3$，排量 $2 \sim 4m^3/min$，加入陶粒 $2.8m^3$，平均砂比 3.48%，填补了国内技术空白[46]。随后该技术在国内得到了快速发展，截至 2017 年底，长庆油田在苏里格气田、神木气田完成了 9 井次现场试验，最大施工井深 3620m，最大单层加砂量 $30m^3$，液量 $426m^3$，排量 $4.8m^3/min$；吉林油田 2014—2017 年在致密油藏、致密气藏、页岩气藏等非常规油气藏开展现场试验 19 井次，关键参数实现单层加砂 $23m^3$，液量 $860m^3$，排量 $8m^3/min$；延长油田于云页 4 井开展国内首例页岩气井 CO_2 无水压裂试验，加砂 $10m^3$，液量 $385m^3$，排量 $4m^3/min$。2018 年江汉油田开展了盐间页岩油 CO_2 无水压裂现场试验，泵入支撑剂 $18m^3$[47-50]。

2 压裂机理

无水压裂过程中，CO_2 经历液态—超临界态—气态的复杂相态变化，流体物性随之改变，压裂机理与常规水力压裂存在显著区别。本章以无水压裂全流程 CO_2 相态演化分析为基础，系统介绍其造缝、携砂机理，分析 CO_2 与储层岩石及地层流体间的相互作用机制，对指导无水压裂选井选层与施工设计具有重要意义。

2.1 CO_2 物性及相态变化

油气田压力范围在 $10 \sim 100\text{MPa}$，CO_2 的温度在 $-20 \sim 120℃$ 时属于液态或超临界态，因此在进行 CO_2 无水压裂温度场计算时，需要应用物性计算模型计算液态 CO_2 和超临界 CO_2 的热物性参数，如密度、比热容、导热系数和黏度等[51-54]。

2.1.1 CO_2 密度和比热容的计算

CO_2 的物性参数都是温度和压力的函数，由于理想状态方程计算出的 CO_2 密度和比热容误差非常大，CO_2 流体对井筒压力和温度非常敏感，其密度和比热容的变化范围也较大，必须使用真实气体状态方程才能精确计算 CO_2 流体的密度和比热容[55-57]。

Pen-Robinson 状态方程（简称 P-R 状态方程）是经典的较为常用的真实气体状态方程，应用非常广泛，可以计算多种烃类气体、N_2、CO_2 甚至不同气体混合物的物性参数，而且计算简便；Span Wagner 状态方程（简称 S-W 状态方程）是专为 CO_2 建立的真实气体状态方程，该方程精度很高，但因其计算过程非常复杂，应用较少。应用 Matlab 编程语言可以实现 Span Wagner 状态方程的算法，计算不同温度压力下的物性值，并进行误差分析[58-62]。

2.1.1.1 Span-Wagner 气体状态方程计算密度和比热容

Span-Wagner 状态方程是 1994 年 Span 和 Wagner 根据 Helmholtz 自由能理论建立的针对 CO_2 的气体状态方程，在温度和压力高达 500K、30MPa 时，应用 S-W 模型计算密度，仍能够把误差控制在 0.05% 以下，远高于 P-R 状态方程的计算精度[63, 64]。

（1）S-W 方程求解密度。

Helmholtz 自由能可以通过相对独立的两个变量温度 T 和密度 ρ 来表示，无量纲Helmholtz 自由能 $\Phi = A(\rho, T) / (RT)$，可以将它分为两部分，一部分是理想状态部分，用 $\Phi°$ 表示，另一部分是残余状态部分，用 Φ^γ 表示。因此，无量纲 Helmholtz 自由能可以表示为理想部分和残余部分的和［式（2.1）］：

$$\Phi(\delta, \tau) = \Phi°(\delta, \tau) + \Phi^\gamma(\delta, \tau) \qquad (2.1)$$

式中 Φ——Helmholtz 自由能，无量纲；

$\Phi°$——理想部分 Helmholtz 自由能，无量纲；

Φ^γ——残余部分 Helmholtz 自由能，无量纲；

δ——对比密度，$\delta = \rho / \rho_c$，无量纲，其中 ρ_c 为临界密度；

τ——对比温度，$\tau = T_c / T$，无量纲，其中 T_c 为临界温度。

对方程进行拟合，得到残余部分和理想部分的 Helmholtz 自由能。

理想部分表达式为

$$\Phi°(\delta, t) = \ln\delta + \alpha_1° + \alpha_2°\tau + \alpha_3°\ln\tau + \sum_{i=4}^{8} \alpha_i° \ln[1 - \exp(-\tau\theta_{i-3}°)] \qquad (2.2)$$

式中 $\alpha_1°$, $\alpha_2°$, $\alpha_3° \cdots \alpha_i° \cdots$——非解析系数，无量纲；

$\theta_{i-3}°$——非解析系数，无量纲；

i——整数，无量纲。

残余部分表达式为

$$\Phi^\gamma = \sum_{i=1}^{7} n_i \delta^{d^i} \tau^{t_i} + \sum_{i=8}^{34} n_i \delta^{d^i} \tau^{t_i} e^{-\delta^{c_i}} + \sum_{i=35}^{39} n_i \delta^{d^i} \tau^{t_i} e^{-\alpha_i(\delta-\varepsilon_i)^2 - \beta_i(\tau-\gamma_i)^2} +$$

$$\sum_{i=40}^{42} n_i \Delta^{b_i} \delta e^{-c_i(\delta-1)^2 - D_i(\tau-1)^2} \qquad (2.3)$$

其中

$$\Delta = \{(1-\tau) + A_i[(\delta-1)^2]^{-1/(2\beta_i)}\}^2 + B_i[(\delta-1)^2]^{\alpha_i}$$

式中 n_i, d^i, t_i, c_i, D_i, γ_i, ε_i, b_i——非解析系数，无量纲；

e——自然对数，无量纲；

A_i, B_i, β_i——非解析系数，无量纲。

根据式（2.1）至式（2.3）可以得到压缩因子 [式（2.4）]：

$$Z = 1 + \delta\phi_\delta^\gamma \qquad (2.4)$$

求出不同状态下 CO_2 压缩因子后，便可由 S-W 方程求得摩尔体积 V，进而求得密度。

（2）S-W 方程求解比定压热容。

CO_2 比定压热容表达式为

$$c_p(\delta, \tau) = R\left[-\tau^2(\Phi_{\tau^2}° + \Phi_{\tau^2}^\gamma) + \frac{(1 + \delta\Phi_\delta^\gamma - \delta\tau\Phi_{\delta\tau}^\gamma)}{1 + 2\delta\Phi_\delta^\gamma + \delta^2\Phi_{\delta^2}^\gamma}\right] \qquad (2.5)$$

其中

$$\Phi_{\tau^2}° = -\alpha_3°/\tau^2 - \sum_{i=4}^{8} \alpha_i°(\theta_i°)^2 e^{-\theta_i°\tau}(1 - e^{-\theta_i°\tau})^{-2} \qquad (2.6)$$

$$\Phi_{\tau^2}^\gamma = \sum_{i=1}^{7} n_i t_i (t_i - 1)\delta^{d_i}\tau^{t_i-2} + \sum_{i=8}^{34} n_i t_i (t_i - 1)\delta^{d_i}\tau^{t_i-2} e^{-\delta^{c_i}} +$$

$$\sum_{i=35}^{39} n_i \delta^{d_i}\tau^{t_i} e^{-\alpha_i(\delta-\varepsilon_i)^2 - \beta_i(\tau-\gamma_i)^2}\left[\left(\frac{t_i}{\tau} - 2\beta_i(\tau - \gamma_i)\right)^2 - \frac{t_i}{\tau^2} - 2\beta_i\right] +$$

$$\sum_{i=40}^{42} n_i \delta\left[\frac{\partial^2 \Delta^{b_i}}{\partial \tau^2}\Psi + 2\frac{\partial \Delta^{b_i}}{\partial \tau}\frac{\partial \Psi}{\partial \tau} + \Delta^{b_i}\frac{\partial^2 \Psi}{\partial \tau^2}\right] \qquad (2.7)$$

$$\Phi_\delta^\gamma = \sum_{i=1}^{7} n_i d_i \delta^{d_i-1} \tau^{t_i} + \sum_{i=8}^{34} n_i e^{-\delta^{c_i}} \left[\delta^{d_i} \tau^{t_i} (d_i - c_i \delta^{c_i}) \right] +$$

$$\sum_{i=35}^{39} n_i \delta^{d_i} \tau^{t_i} e^{-\alpha_i(\delta-\varepsilon_i)^2-\beta_i(\tau-\gamma_i)^2} \left[\frac{d_i}{\delta} - 2\alpha_i(\delta-\varepsilon_i) \right] +$$

$$\sum_{i=40}^{42} n_i \left[\Delta^{b_i}\left(\Psi + \delta \frac{\partial \Psi}{\partial \delta} \right) + \frac{\partial \Delta^{b_i}}{\partial \delta} \delta \Psi \right] \quad\quad (2.8)$$

$$\Phi_{\delta\tau}^\gamma = \sum_{i=1}^{7} n_i d_i t_i \delta^{d_i-1} \tau^{t_i-1} + \sum_{i=8}^{34} n_i e^{-\delta^{c_i}} \delta^{d_i-1} t_i \tau^{t_i-1} (d_i - c_i \delta^{c_i}) +$$

$$\sum_{i=35}^{39} n_i \delta^{d_i} \tau^{t_i} e^{-\alpha_i(\sigma-\varepsilon_i)^2-\beta_i(\tau-\gamma_i)^2} \left[\frac{d_i}{\delta} - 2\alpha_i(\delta-\varepsilon_i) \right] \left[\frac{t_i}{\tau} - 2\beta_i(\tau-\gamma_i) \right] +$$

$$\sum_{i=40}^{42} n_i \left[\Delta^{b_i}\left(\frac{\partial \Psi}{\partial \tau} + \delta \frac{\partial \Psi^2}{\partial \delta \partial \tau} \right) + \delta \frac{\partial \Delta^{b_i}}{\partial \delta} \frac{\partial \Psi}{\partial \tau} + \frac{\partial \Delta^{b_i}}{\partial \tau}\left(\Psi + \delta \frac{\partial \Psi}{\partial \delta} \right) + \frac{\partial^2 \Delta^{b_i}}{\partial \delta \partial t} \delta \Psi \right] \quad (2.9)$$

$$\Phi_{\delta 2}^\gamma = \sum_{i=1}^{7} n_i d_i (d_i - 1) \delta^{d_i-2} \tau^{t_i} + \sum_{i=8}^{34} n_i e^{-\delta^{c_i}} \{ \delta^{d_i-2} \tau^{t_i} [(d_i - c_i \delta^{c_i})(d_i - 1 - c_i \delta^{c_i}) - c_i^2 \delta^{c_i}] \} +$$

$$\sum_{i=35}^{39} n_i \tau^{t_i} e^{-\alpha_i(\delta-\varepsilon_i)^2-\beta_i(\tau-\gamma_i)^2} [-2\alpha_i \delta^{d_i} + 4\alpha_i^2 \delta^{d_i}(\delta-\varepsilon_i)^2 - 4 d_i \alpha_i \delta^{d_i-1}(\delta-\varepsilon_i) + d_i(d_i-1)\delta^{d_i-2}] +$$

$$\sum_{i=40}^{42} n_i \left[\Delta^{b_i}\left(2\frac{\partial \Psi}{\partial \delta} + \delta \frac{\partial^2 \Psi}{\partial \delta^2} \right) + 2\frac{\partial \Delta^{b_i}}{\partial \delta}\left(\psi + \delta \frac{\partial \Psi}{\partial \delta} \right) + \frac{\partial^2 \Delta^{b_i}}{\partial \delta^2} \delta \Psi \right] \quad (2.10)$$

2.1.1.2 密度和比热容计算误差分析

应用 Matlab 编制计算程序，可实现 S-W 算法，将计算结果与实测数据进行对比，可得到误差分析结果如图 2.1 所示。从图中可以看出，S-W 方法的误差基本控制在 1% 之内，因此选择 S-W 方法作为 CO$_2$ 不同相态下密度和比热容的计算方法。

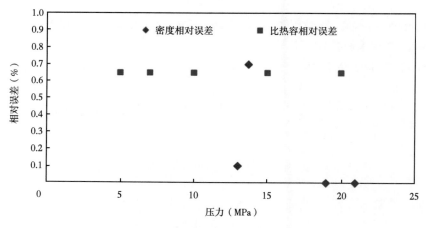

图 2.1　密度和比热容相对误差

2.1.2 CO₂ 黏度和导热系数计算

2.1.2.1 Pen-Robinson 状态方程计算黏度和导热系数

（1）P-R 方法计算黏度。

由于等温下的 p-V 图与等压下的 T-μ 图具有相似性，因此可以基于 P-R 状态方程建立真实气体黏度方程。

通过相似原理，可以得到黏度的 P-R 状态方程

$$T = \frac{rp}{\mu - b'} - \frac{a}{\mu(\mu + b'') + b''(\mu - b'')} \tag{2.11}$$

其中

$$a = 0.45724 \frac{r_c^2 p_c^2}{T_c}$$

$$b = 0.0778 \frac{r_c p_c}{T_c}$$

$$\tau_c = \frac{\mu_c T_c}{p_c z_c}$$

$$\mu_c = 7.7 T_c^{-1/6} M^{0.5} p_c^{2/3}$$

$$r' = r_c \tau(T_r, p_r)$$

$$b' = b\varphi(T_r, p_r)$$

式中

$$\tau(T_r, p_r) = \left[1 + Q_1(\sqrt{p_r T_r} - 1)\right]^{-2}$$

$$\varphi(T_r, p_r) = \exp\left[Q_2(\sqrt{T_r} - 1)\right] + Q_3(\sqrt{p_r} - 1)^2$$

上式中 Q_1—Q_3 为偏心因子 ω 的关联式，具体表达式如下所示。

当 $\omega < 0.3$ 时，有

$$Q_1 = 0.829599 + 0.350857\omega - 0.747682\omega^2$$

$$Q_2 = 1.94546 - 3.19777\omega + 2.80193\omega^2$$

$$Q_3 = 0.299757 + 2.20855\omega - 6.64959\omega^2$$

当 $\omega \geq 0.3$ 时，有

$$Q_1 = 0.956763 + 0.192829\omega - 0.303189\omega^2$$

$$Q_2 = -0.258789 - 37.1071\omega + 20.551\omega^2$$

$$Q_3 = 5.16307 - 12.8207\omega + 11.01109\omega^2$$

与求解密度相类似，将式（2.11）式转换为式（2.12）

$$T\mu^3 + (2Tb - Tb'' - r'p)\mu^2 + (a - Tb''^2 - 2Tb''b' - 2r'pb'')\mu + (Tb'b''^2 + r'pb''^2 - ab') = 0 \tag{2.12}$$

通过求解式（2.12）即可得到黏度的值。

（2）P-R 方法计算导热系数。

同样通过相似原理，可以得到导热系数的 P-R 状态方程[48]

$$T = \frac{rp}{\lambda - b'} - \frac{a}{\lambda(\lambda + b'') + b(\lambda - b'')} \tag{2.13}$$

其中，在临界点处有

$$a = 0.45724 \frac{r_c^2 p_c^2}{T_c}$$

$$b'' = 0.0778 \frac{r_c p_c}{\tau_c}$$

$$b' = b''$$

在其他温度和压力下有

$$r = r_c \tau(p_r)$$

$$r_c = \frac{\lambda_c T_c}{p_c z_c}$$

$$\lambda_c = T_c^{-1/6} M^{-0.5} p_c^{2/3}/21$$

$$b' = b'' \varphi(T_r, P_r)$$

$$\tau(p_r) = [1 - Q_1(1 - p_r^{0.5})]^{-2}$$

$$\varphi(T_r, p_r) = Q_2[(T_r, p_r)^{0.5} - 1]^2 + \exp[Q_3(p_r^{0.125} - 1)^2] +$$
$$\exp[Q_4(T_r^{0.5} - 1) + Q_6(p_r^{0.125} - 1)^2] -$$
$$Q_5 \exp[(\frac{1}{T} - \frac{1}{T_c})(T_r^{0.5} - 1)(p_r^3 - 1)]$$

同样将式（2.13）改写成 λ 的一元三次方程求解可得到导热系数的值。

2.1.2.2 Fenghour 和 Vesovic 方法计算黏度和导热系数

1997 年，Fenghour 和 Vesovic 等在实验数据基础上结合理论推导，应用拟合得到的半经验系数建立了黏度和导热系数的计算模型，取得了非常理想的计算结果，在常温低压下其计算的误差小于 0.3%，而在高密度区域其误差小于 5%[65]。

（1）Fenghour 方法计算黏度。

在 Fenghour 等人的方法中，黏度可分为独立的三部分计算：

$$\mu(\rho, T) = \mu_0(T) + \Delta\mu(\rho, T) + \Delta_c\mu(\rho, T) \tag{2.14}$$

式中　$\mu_0(T)$——零密度时黏度的临界值；

　　$\Delta\mu(\rho, T)$——密度增大引起的黏度附加值；

　　$\Delta_c\mu(\rho, T)$——临界点附近引起的黏度附加增量。

其中

$$\mu_0(T) = \frac{1.00697 T^{1/2}}{\mathscr{R}_\eta^*(T^*)} \tag{2.15}$$

其中

$$\mathscr{R}_\eta^*(T^*) = \exp\left[\sum_{i=0}^4 a_i(\ln T^*)^i\right]$$

其中

$$T^* = \frac{T}{251.196}$$

式中　a_i——计算系数，无量纲，其值见参考文献［65］。

$$\Delta\mu(\rho,\ T) = d_{11}\rho + d_{21}\rho^2 + \frac{d_{64}\rho^6}{T^{*3}} + d_{81}\rho^8 + \frac{d_{82}\rho^8}{T^*} \quad (2.16)$$

式中　d_i——无量纲系数，见参考文献［65］。

$$\Delta_c\mu(\rho,\ T) = \sum_{i=1}^{4} e_i\rho^i \quad (2.17)$$

式中　e_i——无量纲系数。

　　由于 $\Delta_c\mu(\rho,\ T)$ 的值很小，通常小于 1%，因此可以忽略。

　　（2）Vesovic 方法计算导热系数。

　　类似的，导热系数也可分为独立的 3 项计算

$$\lambda(\rho,\ T) = \lambda_0(T) + \Delta\lambda(\rho,\ T) + \Delta_c\lambda(\rho,\ T) \quad (2.18)$$

式中　$\lambda_0(T)$——零密度时导热系数的临界值；

　　　$\Delta\lambda(\rho,\ T)$——密度增大引起的导热系数附加值；

　　　$\Delta_c\lambda(\rho,\ T)$——临界点附近引起的导热系数附加增量。

$$\lambda_0(T) = \frac{0.475598(T)^{1/2}(1+r^2)}{\mathscr{R}_\lambda^*(T^*)} \quad (2.19)$$

其中

$$r = \left(\frac{2c_{int}}{5k}\right)^{1/2}$$

$$\frac{c_{int}}{k} = 1.0 + \exp(-183.5/T)\sum_{i=1}^{5} c_i(T/100)^{2-i}$$

$$\mathscr{R}_\eta^* = \sum_{i=0}^{7} b_i/T^{*i}$$

式中　k——气体等熵指数，无量纲；

　　　b_i，c_i——无量纲系数。

$$\Delta\lambda(\rho) = \sum_{i=1}^{4} d_i\rho^i \quad (2.20)$$

式中　d_i——无量纲系数。

$$\frac{\Delta_c\lambda(\rho,\ T)}{\rho c_p} = \frac{RkT}{6\pi\eta\xi}(\Omega - \Omega_0) \quad (2.21)$$

式（2.19）化简后变为

$$\frac{\Delta_c\lambda(\rho,\ T)}{\rho c_p} = \frac{RkT}{6\pi\overline{\eta}\xi}(\widetilde{\Omega} - \widetilde{\Omega}_0) \quad (2.22)$$

13

其中

$$\widetilde{\Omega} = \frac{2}{\pi}\left[\left(\frac{c_p - c_V}{c_p}\right)\arctan(\widetilde{q}_D \xi) + \frac{c_V}{c_p}\widetilde{q}_D \xi\right]$$

$$\widetilde{\Omega}_0 = \frac{2}{\pi}\left\{1 - \exp\left[-\frac{1}{(\widetilde{q}_D \xi)^{-1} + \frac{1}{3}(\widetilde{q}_D \xi \rho_c / \rho)^2}\right]\right\} \quad (2.23)$$

式中 $\overline{\eta}$，ξ，$\widetilde{\Omega}$，$\widetilde{\Omega}_0$，$\widetilde{q}_D$——中间变量；

C_V——比定容热容，J/(kg·K)；

C_p——比定压热容，J/(kg·K)。

（3）黏度和导热系数计算误差分析。

应用 Matlab 编制计算程序，实现 P-R 算法与 Fenghour 方法和 Vesovic 方法结合，将计算结果与实测数据进行对比，得到误差分析结果如图 2.2 和图 2.3 所示。

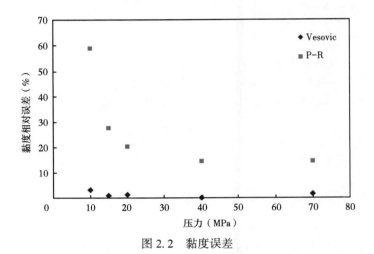

图 2.2　黏度误差

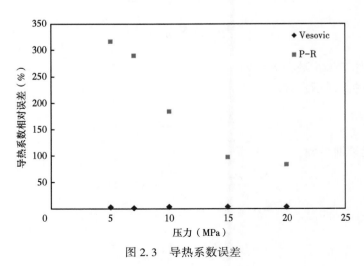

图 2.3　导热系数误差

由上图可以看出，Fenghour 和 Vesovic 方法的误差基本控制在 5% 之内，而 P-R 方法的误差较大，特别是在计算导热系数时，误差超过 100%，因此选择 Fenghour 和 Vesovic 方法作为 CO_2 密度和比定压热容的计算方法。

2.1.3　CO_2 物性计算结果

选用 S-W、Fenghour 和 Vesovic 模型作为 CO_2 物性参数的计算模型，计算不同温度压力下的密度、比热容、导热系数和黏度，结果如图 2.4 至图 2.7 所示。

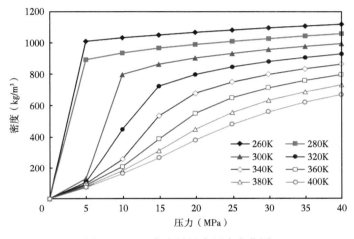

图 2.4　CO_2 密度随温度压力变化图

由图 2.4 可知，随着温度降低、压力升高，CO_2 的密度逐渐增大且在临界压力附近变化剧烈。

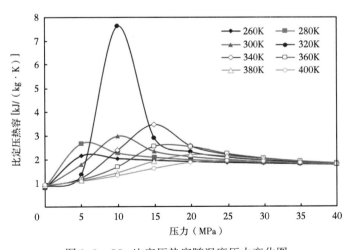

图 2.5　CO_2 比定压热容随温度压力变化图

由图 2.5 可知，CO_2 的比定压热容在临界压力附近出现了最大值，之后随着压力的增加而减小，当压力升高到 40MPa 左右时，比定压热容几乎不再随温度变化而变化。

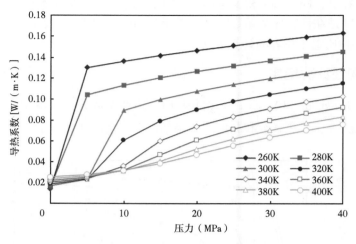

图 2.6 CO₂ 导热系数随温度压力变化图

由图 2.6 可知，随着温度降低、压力升高，CO_2 的导热系数逐渐增大。

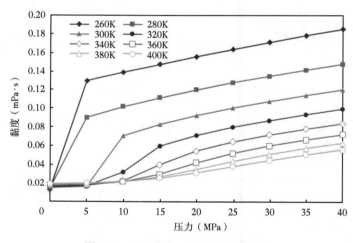

图 2.7 CO₂ 黏度随温度压力变化图

由图 2.7 可知，随着温度降低、压力升高，CO_2 的黏度逐渐增大。

综上，利用 S-W 状态方程、Fenghour 方程和 Vesovic 方程计算不同温度下 CO_2 密度、黏度、导热系数和比热容等物性参数随着压力的变化，由结果可知，随着温度降低和压力升高，CO_2 的密度、黏度和导热系数呈上升趋势。而 CO_2 的定压热容在临界压力附近出现了最大值，之后随着压力的增加而减小，当压力升高到 40MPa 左右时，比定压热容几乎不再随温度变化而变化。

2.2 造缝机理

高速泵注的低温 CO_2 流体在进入地层后，仍然保持着较低的温度。由于岩石是由多种不同矿物颗粒所组成的多晶体，不同矿物的热膨胀系数不同，在温度作用下会表现出热膨胀的各向异性。同时，不同矿物的结晶方向及空间排列方式存在差异，导致其晶格能也会有所不同。在温度的作用下，不同的矿物物理和化学性质呈现出不同的变化，导致岩石内部不同矿物之间相互约束，在某些特定方向上的形变受到抑制，此时便会产生热应力。如果热应力大小超过岩石的强度极限，岩石就会产生微破裂。当微破裂足够多时，将会形成较大尺度的裂缝[66-68]。

在 CO_2 压裂的相关文献中[39]，曾提出低温的 CO_2 液体进入地层后会产生较大的热应力，从而产生较大的裂缝，然而其并未对热裂缝的延伸扩展情况进行研究。本节首先对低温流体产生热应力的原因进行分析，并在此基础上建立了岩石热应力裂缝理论分析模型，还对影响热裂缝延伸的因素进行了分析。

2.2.1 低温热应力产生原因分析

选取一矩形岩石（长度≫宽度）进行分析，如图2.8所示。假设其初始温度为 T_i（℃），长度为 L（m），左右两端受到固定边界约束。某一时刻起，开始接受外界温度载荷 T（$T < T_i$），温差为 ΔT（℃）。

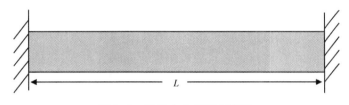

图 2.8　热应力分析物理模型

若岩石两端不受约束，在低温作用下，由于热胀冷缩，岩石将会发生自由收缩，其自由收缩长度 ΔL 为

$$\Delta L = \alpha \Delta T L \tag{2.24}$$

式中　a——热膨胀系数，无量纲。

相应地，其收缩应变和收缩应力分别为

$$\varepsilon = \alpha \Delta T \tag{2.25}$$

$$\sigma = E \varepsilon_i = 0 \tag{2.26}$$

式中　E——弹性模量，GPa。

如果岩石的两端都受到固定边界条件约束，则其自由变形将会受到抑制。当岩石受到同样的温度作用时，在岩石的长度方向会产生一定的热应力。

$$\sigma = E \alpha \Delta T \tag{2.27}$$

相应地，其热应变和实际发生应变为

$$\varepsilon = \alpha \Delta T \tag{2.28}$$

$$\varepsilon = 0 \tag{2.29}$$

在实际情况下，岩石所受约束一般都不是完全约束，而是弹性约束。而弹性约束可以简化为具有一定刚度的弹簧约束。如果岩石一端是固定边界约束，而另外一端受到弹簧约束，在受到温差 ΔT 作用时：

$$\varepsilon_2 = \left(\frac{KL}{EA + KL}\right)\alpha\Delta T \tag{2.30}$$

式中　K——刚度，N/m；

　　　　A——横截面积，m^2。

此时的热应力可以表示为

$$\sigma = \varepsilon_2 E = \left(\frac{KL}{EA + KL}\right)\alpha\Delta TE \tag{2.31}$$

2.2.2　低温流体热应力造缝理论模型

物体的温度在很短时间内发生较大变化被称为热冲击。温度的变化将会导致物体的组成部分之间发生不同程度的变形，由于热冲击历时很短，相应地，热载荷的变形也在极短时间内发生。由于岩石材料具有一定的脆性特征，当某一点的热应力超过了材料的强度极限，就极易形成裂缝。继续给岩石施加一定的热载荷，裂缝尖端的热应力将会导致裂缝的不断延伸。往地层注入大量冷流体时，在热应力的作用下，地层将会产生热裂缝。这种现象在注入 CO_2 液体进行 CO_2 埋存时已经被观测到，同时，对岩石施加热载荷的大量研究也证实了这一点。据报道，岩石的热裂缝可以提高致密地层产能 20% 左右。

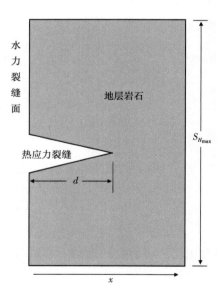

图 2.9　热应力裂缝物理模型

构建二维岩石物理模型如图 2.9 所示。地层岩石相关的物理性质包括弹性模量 E、泊松比 ν、最小水平主应力、最大水平主应力、地层原始温度、压裂液温度、热传导率 k、密度、岩石比热容 C、热扩散率。假定从油藏岩石与冷流体之间的热传导沿 x 方向进行传导，且热应力裂缝是直线裂缝；水力裂缝不对 x 方向的热传导造成干扰；热应力裂缝的长度为 l，宽度为 W。

温度随位移和时间的变化关系可以表示为

$$\frac{T(x, t) - T_S}{T_0 - T_S} = \mathrm{erf}\left(\frac{x}{2\sqrt{\kappa t}}\right) \tag{2.32}$$

式中　$T(x, t)$——x 处 t 时间的温度，℃；

　　　　T_S——t 时刻岩石表面的温度，℃；

　　　　T_0——初始时刻 x 处的温度，℃；

　　　　κ——热扩散率，m^2/s。

其中，erf 为误差函数，其表达式为

$$\mathrm{erf}(u) = \frac{2}{\sqrt{\pi}}\int_0^u \exp(-t^2)\,\mathrm{d}u \tag{2.33}$$

在平面应力条件下，针对一维半无限大热传导问题，任一点 x 处热应力可以表示为

$$\sigma(x,\ t) = E\alpha[T_0 - T(x,\ t)] \tag{2.34}$$

式中　$\sigma(x,\ t)$——t 时刻任一点 x 处热应力，MPa。

对于平面应变的情况，由于泊松比不同，热应力可以表示为

$$\sigma(x,\ t) = E(1+\nu)\alpha[T_0 - T(x,\ t)] \tag{2.35}$$

式中　ν——泊松比，无量纲。

因此，热应力裂缝的产生必须满足以下条件：

$$E(1+\nu)\alpha[T_0 - T(x,\ t)] \geqslant S_{H_{\max}} \tag{2.36}$$

式中　$S_{H_{\max}}$——最大水平主应力，MPa。

由以上分析可知，产生热裂缝的临界温度差值可通过下式进行计算：

$$\Delta T_c \geqslant \frac{S_{H_{\max}}}{E(1+\nu)\alpha} \tag{2.37}$$

式中　ΔT_c——产生热裂缝的临界温度差值，℃。

综合式（2.36）和式（2.37），研究裂缝开裂的临界状态，公式由不等式变为等式，可以得到

$$\text{erfc} = 1 - \text{erf}$$

$$E(1+\nu)\alpha\left[(T_0 - T_S)\,\text{erfc}\left(\frac{x}{2\kappa t}\right)\right] \geqslant S_{H_{\max}} \tag{2.38}$$

用热应力裂缝长度 l 替换裂缝尖端坐标 x，求解式（2.38）可得

$$l = (2\sqrt{\kappa t})\,\text{erfc}^{-1}\left[\frac{S_{H_{\max}}}{E(1+\nu)\alpha(T_0 - T_S)}\right] \tag{2.39}$$

式（2.39）即为热应力裂缝长度随着时间的变化函数。对此函数分析可知，岩石热应力裂缝随着时间而不断延伸，起始阶段裂缝延伸速度较快，但随着时间增加，裂缝延伸速度趋于变缓，表明热应力造缝效率随着时间延长有缓慢下降趋势。

2.2.3　热应力造缝的影响因素

影响热应力造缝的因素比较多，各种因素对热应力造缝的影响机理及影响程度尚不明确。基于前节研究结果，本节对影响热应力造缝的影响因素进行定量研究，以期为热应力造缝现场施工提供一定的参考。用于热应力分析的地层岩石物理性质见表2.1。

影响热应力造缝的因素包括地层岩石的弹性模量、泊松比、热膨胀系数、泵注压裂液与地层之间的温差、热扩散系数等。以下将对各个影响因素分别进行分析。

表 2.1　用于热应力分析的地层岩石物理性质

物理参数	数值及单位
弹性模量 E	30GPa
泊松比 ν	0.22
热膨胀系数 α	$5\times10^{-5}\mathrm{K}^{-1}$
最小水平主应力 S_{hmax}	20MPa
最大水平主应力 S_{Hmax}	30MPa
油藏岩石原始温度 T_0	70℃
压裂液温度 T_s	10℃
热传导率 k	2 W/(m・℃)
密度 ρ	2600kg/m^3
比热容 c	1380J/(kg・℃)
热扩散率 κ	$0.63\times10^{-6}\mathrm{m}^2/\mathrm{s}$
时间 t	90min

2.2.3.1　弹性模量

弹性模量作为岩石的重要物性参数，将会对裂缝的产生和延伸产生较大影响。为了研究弹性模量对热应力裂缝延伸的影响，选取弹性模量 E 为 20GPa、30GPa 和 40GPa 进行分析，得到不同弹性模量条件下热应力裂缝长度随时间的变化情况，结果如图 2.10 所示。

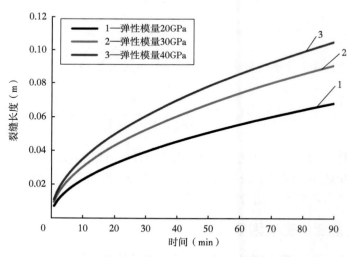

图 2.10　不同弹性模量情况下热应力裂缝延伸情况

由图 2.10 可以看出，弹性模量为 20GPa、30GPa 和 40GPa 时，经过 90min 后对应的热应力裂缝长度分别为 0.07m、0.09m 和 0.10m。弹性模量越大，热应力裂缝也相应越长。由式（2.27）可知，热应力随着弹性模量的增大而随之增大。在其他影响因素保持不变的情况下，随着热应力的增大，产生的热应力裂缝将会越长。

2.2.3.2 泊松比

泊松比为岩石的另一重要力学参数。选取泊松比为 0.15、0.25 和 0.35 进行分析，得到不同泊松比条件下热应力裂缝随时间的变化情况，结果如图 2.11 所示。

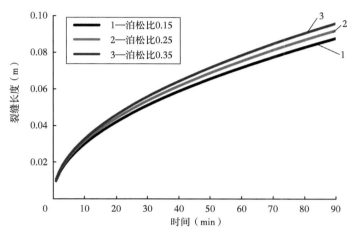

图 2.11 不同泊松比情况下热应力裂缝延伸情况

由图 2.11 可以看出，泊松比越大，裂缝越长。但在不同泊松比情况下，热应力裂缝长度差异不大。泊松比为 0.15、0.25 和 0.35 时，90min 后热应力裂缝的长度分别为 0.087m、0.092m 和 0.095m。由此可知，热应力裂缝延伸对泊松比不太敏感。

2.2.3.3 热膨胀系数

热膨胀系数 α 是描述物体随温度改变而发生体积改变大小的物理量。选取热膨胀系数 α 为 $5\times10^{-5}\mathrm{K}^{-1}$、$10\times10^{-5}\mathrm{K}^{-1}$ 和 $15\times10^{-5}\mathrm{K}^{-1}$ 进行分析，得到不同热膨胀系数条件下热应力裂缝随时间的变化情况结果如图 2.12 所示。

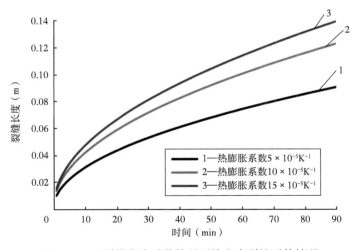

图 2.12 不同热膨胀系数情况下热应力裂缝延伸情况

由图 2.12 可以看出，在不同的热膨胀系数条件下，热应力裂缝长度差别较大。热膨胀系数为 $5\times10^{-5}K^{-1}$、$10\times10^{-5}K^{-1}$ 和 $15\times10^{-5}K^{-1}$ 时，90min 后对应的热应力裂缝长度分别为 0.090m、0.123m 和 0.139m。根据热应力定义，热应力的大小与热膨胀系数的大小成正比。在同一时刻，热膨胀系数越大，相应的热应力裂缝长度也较大。

2.2.3.4 泵注压裂液与地层之间的温差

泵注压裂液与地层之间的温差与多种因素有关，包括地层深度、地温梯度、压裂液泵注排量、压裂液地面温度、泵送管线隔热系数等。研究压裂液与地层之间的温差与热应力裂缝延伸的关系将有助于对关键因素进行合理调控，以利于热应力裂缝的产生和延伸。选取压裂液与地层之间的温差为 40℃、60℃ 和 80℃ 进行分析，得到不同温差条件下热应力裂缝随时间的变化情况，结果如图 2.13 所示。

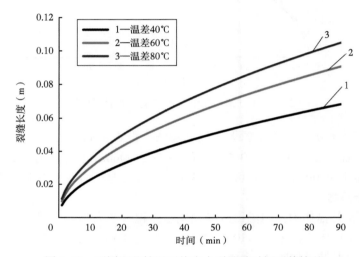

图 2.13　不同温差情况下热应力裂缝随时间延伸情况

由图 2.13 可以看出，热应力裂缝长度的大小与温度差异密切相关。在同一时刻，温度差异越大，热应力裂缝长度也越大。由热应力定义可知，热应力大小与温差成正比。因此，在进行现场施工时，要尽可能大地增加泵注压裂液与地层之间的温差。由于地层深度和地温梯度无法改变，可以通过尽量降低压裂液到达地层时的温度来实现这一目的。可以采取以下措施达到这一目的。

（1）尽量降低地面压裂液的温度。

（2）增大压裂液的注入排量。

（3）地面管线及井筒进行隔热处理，如采用隔热油管或在地面管线外包裹隔热棉等措施。

2.2.3.5 热扩散系数

热扩散系数表征材料传导热能与储存热能的相对大小，是衡量材料热扩散能力的量度。其值越大，表示物体传递热量的能力越强，即有较多的热量被传递出去。岩石的热扩散率普遍较低。为了研究热扩散率对热应力裂缝延伸的影响，选取热扩散率为 $0.4\times10^{-6}m^2/s$、$0.8\times10^{-6}m^2/s$ 和 $1.2\times10^{-6}m^2/s$ 进行分析，得到不同热扩散率条件下热应力裂缝随时间的变化情况，结果如图 2.14 所示。

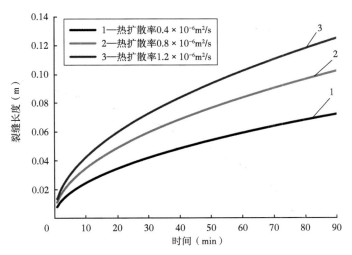

图 2.14 不同热扩散率情况下热应力裂缝延伸情况

由图 2.14 可以看出，不同的热扩散率所对应的热应力裂缝长度大小不同。热扩散率为 $0.4 \times 10^{-6} m^2/s$、$0.8 \times 10^{-6} m^2/s$ 和 $1.2 \times 10^{-6} m^2/s$ 时，90min 后所对应的热裂缝长度分别为 0.072m、0.102m 和 0.125m。在同一时刻，随着热扩散率的增大，对应的热裂缝长度增大。这是因为热扩散率越大，代表岩石的热传导性能越好，因此更有利于产生热应力裂缝。

2.2.3.6 地层最大水平主应力

地应力的分布状态（大小和方向）对于裂缝的产生及走向具有决定性作用。冷流体进入水力裂缝后，当裂缝面处岩石受低温作用产生的热应力大于最大水平主应力时，岩石会发生张性破坏。研究最大水平主应力对热应力裂缝延伸的影响，选取最大水平主应力为 20MPa、30MPa 和 40MPa 进行分析，得到不同最大水平主应力条件下裂缝随时间的变化情况，结果如图 2.15 所示。

由图 2.15 可以看出，在同一时刻，随着最大水平主应力的增大，对应的热裂缝长度减小。最大水平主应力为 20MPa、30MPa 和 40MPa 时，90min 后所对应的热裂缝长度分别为 0.11m、0.090m 和 0.075m。这是因为最大水平主应力越大，需要克服的拉应力越大，因此更不利于产生热应力裂缝。

2.2.3.7 认识

通过以上热应力裂缝延伸的敏感性因素分析，可以为热应力高效造缝提供一定的借鉴和指导。就热应力造缝选层而言，应遵循以下原则：（1）较大的弹性模量；（2）较大的泊松比；（3）较大的热膨胀系数；（4）较大的热扩散率；（5）较小的水平最大主应力。

就压裂参数的优化而言，可以从以下几点进行考虑：（1）降低地面泵注压裂液的温度；（2）提高压裂液的注入排量；（3）对地面管线及井筒进行隔热处理，如采用隔热油管或在地面管线外包裹隔热棉等措施。

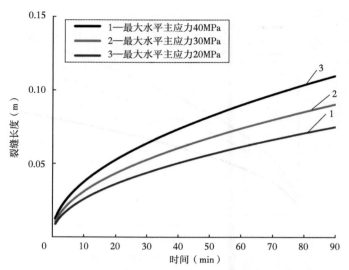

图2.15 不同最大水平主应力情况下热应力裂缝延伸情况

2.3 携砂机制

液态 CO_2 属于低黏度流体，在压裂过程中携砂困难，容易砂堵，造成压裂失败或效果不理想。本节介绍了液态 CO_2 携砂规律，给出了裂缝中砂堤分布形态。

2.3.1 实验装置及方法

2.3.1.1 实验装置

由于压裂过程中 CO_2 处于液态，要求实验装置能够模拟高压条件。基于此，设计了高压可视化携砂流动实验装置，其流程如图2.16所示，模型实物如图2.17所示。

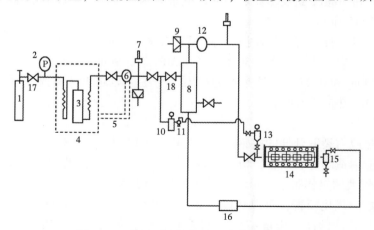

图2.16 高压可视化携砂流动实验流程图

1—气源罐；2—精密压力表；3—储罐；4—冷箱；5—循环冷却；6—CO_2泵；7—压力变送器；8—缓冲罐；9—安全阀；10—安全储罐（2L）；11—减压阀；12—循环泵；13—加砂罐；14—携砂模型；15—分离器；16—质量流量计；17—总管路入口阀；18—缓冲罐入口阀

图 2.17　高压可视化携砂流动实验模型实物图

2.3.1.2　实验方法和步骤

（1）检查整个管路的气密性。由于实验是在高压的环境下，因此需要保证整个实验是在管路密封的条件下进行。

（2）打开阀门，保持管路及可视模型各处相连通。

（3）设定所需注入泵压力，待冷箱液温达到设定温度（即冷箱停止工作）时，启动 CO_2 泵，向管路及模型中注入 CO_2。

（4）待压力到达设定压力，CO_2 泵自动停止，然后将总管路入口阀和缓冲罐入口阀关闭。

（5）打开摄像机，用摄像机记录可视窗动态。

（6）打开循环泵，设置循环泵频率，调节 CO_2 流速，观察可视窗中砂堤形态变化。

（7）实验过程中，自动采集实验温度、压力和 CO_2 质量流量。

（8）实验完成后，关闭循环泵，放空实验管路。

（9）清洗实验管路和可视平板模型。

2.3.1.3　实验条件

裂缝尺寸：6cm×57cm×0.2cm；

支撑剂：60目陶粒；

稠化剂浓度：1%；

实验压力：8MPa；

温度：20℃。

2.3.2　液态 CO_2 压裂裂缝内支撑剂输送特征

由于液态 CO_2 黏度较低，支撑剂运移受流体流速影响较大。支撑剂颗粒被快速流动的液态 CO_2 冲起后迅速沉降，在较低流速下，支撑颗粒开始在砂堤表面缓慢滚动，随着流速的增加，入口处的支撑剂颗粒不断被流体向上冲起，形成"波峰"状。"波峰"受流体冲击的一侧，支撑剂颗粒沿坡面向上运动，在重力的作用下，一部分支撑剂在该面又滑落下去，又不断被流体冲击和带起。另有一部分支撑剂在流体的携带作用下，越过"波峰"滑落到另一侧，并向前滚动。从高处落下的支撑剂颗粒具有动能，同时在流体的冲刷作用下，冲击砂堤表面形成"波谷"状凹陷，如图 2.18（a）所示。部分支撑剂颗粒随着流体进一步向前移动，"波峰"状砂堤也随之向前移动，并且沿运动方向会有新的"波峰"出现，整个砂堤形态最终演变为"波浪"状，如图 2.18（b）所示。

（a）　　　　　　　　　　（b）

图 2.18　支撑剂砂堤演变过程

2.3.3　砂堤形态对液态 CO_2 携砂规律的影响

不同加砂量条件下液态 CO_2 的砂堤形态，图 2.19 至图 2.21 分别为低、中、高砂量条件下砂堤状态。

（a）初期　　　　　　　　　　（b）后期

图 2.19　低砂量条件下实验砂堤状态

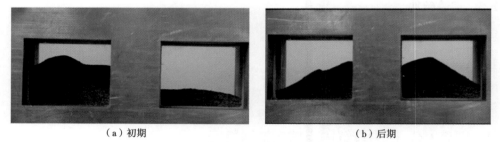

（a）初期　　　　　　　　　　（b）后期

图 2.20　中砂量条件下实验砂堤状态

（a）初期　　　　　　　　　　（b）后期

图 2.21　高砂量条件下实验砂堤状态

图 2.19 至图 2.21 可以看出，随着加砂量的增加，砂堤形成和演变速度加快，流体过流面积减小，流速加快。当砂堤达到平衡砂堤高度时，支撑剂的运移距离有所增加。但当加砂量较大时，由于体系及支撑剂本身的影响，支撑剂发生"团聚"现象，支撑剂迅速沉降并且运移速度降低。

2.3.4　流速对液态 CO_2 携砂规律的影响

不同流速条件下支撑剂的运移状态见表 2.2，随着流体速度的增加，支撑剂颗粒由开始的静止状态变为沿砂堤表面滚动前进，直至支撑剂颗粒被流体携带起，呈"跳跃式"前进。在流速小于 0.36m/s 时，支撑剂在砂堤表面基本处于静止状态，CO_2 对砂堤的冲击作用比较小，砂堤表面相对平缓［图 2.22（a）］。随着流速的增加，当流速大于 0.36m/s 时，受流体冲击一侧砂堤表面的支撑剂开始滚动，砂堤受流体冲击一侧坡度变陡，此时的支撑剂处于"滚流"状态，波峰开始向前缓慢移动［图 2.22（b）］。流速进一步增加，当流速大于 0.75m/s 时，砂堤受冲击一侧变得更陡，支撑剂颗粒被携带到波峰另一侧，沉降在离波峰较远处，支撑剂呈"跳跃迁移"状态向前运移，砂堤移动速度加快［图 2.22（c）］。

表 2.2　不同砂浓度下支撑剂运动状态转变的临界速度

流速 v（m/s）	$v < 0.36$	$0.36 \leq v \leq 0.75$	$v > 0.75$
支撑剂运移状态	静止	支撑剂在砂堤表面"滚流"	支撑剂"跳跃迁移"

（a）$v < 0.36$m/s

（b）0.36m/s $\leq v \leq$ 0.75m/s

（c）$v > 0.75$m/s

图 2.22　不同流速下砂堤形态

2.4 增产机理

CO$_2$无水压裂增产机理包括：增加地层能量，实现压裂与驱油的有机结合；膨胀原油；降低原油黏度，改善油水流度比，提高驱油效率；降低界面张力，毛细管力减小，促进原油在孔隙中流动；混相增产；防膨、解堵作用，改善井周围油层渗透性；降低水相渗透率；回流，井口放喷时随压力降低，CO$_2$从油水中分离，可实现快速返排；竞争吸附作用[69-73]。

2.4.1 蓄能增产

压裂过程中注入大量CO$_2$，注入的CO$_2$在地层压力和温度下为超临界状态，密度近于液体，黏度近于气体，扩散系数比液体大。并且由于其表面张力接近于零，因此可以进入任何大于超临界CO$_2$分子的空间。超临界CO$_2$进入地层后，可进入微孔隙和裂缝，通过溶解、扩散，CO$_2$溶解到更大范围的基质原油中，与孔隙中原油接触、混相，将原油驱赶出来。由于气体的弹性膨胀系数要比岩石和液体的弹性系数大得多，所以溶解CO$_2$的弹性膨胀在开采阶段将会起主要作用。图2.23是随着接触时间变化的液态CO$_2$分子的扩散系数，可以看出CO$_2$分子有很高的扩散系数。

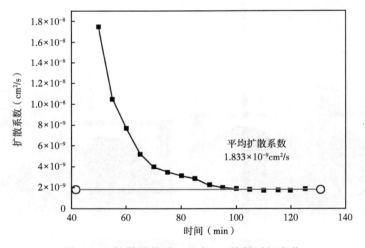

图2.23 扩散系数随CO$_2$与C$_{12}$接触时间变化

利用CO$_2$压裂能够提高地层压力，增加储层能量，实现压裂与驱油的有机结合，达到增产增注的目的。

当井口放喷时，随着压力降低，液态CO$_2$逐渐汽化，CO$_2$从油水中分离出来，通过这一特性可实现油、水、气井的快速返排、气举及地面管线扫线等作业。

2.4.2 膨胀及降黏原油作用

2.4.2.1 实验装置

CO$_2$-地层原油体系的互溶膨胀实验实际上就是基于流体膨胀和饱和压力升高的加气膨胀试验。加气膨胀试验的主要实验装置为油气藏流体相态分析仪与多次接触实验采用的实验装置相同。

2.4.2.2　实验样品

实验样品包括 4 个目标区块的地层原油样品和 CO_2 注入气样品。H87-2 区块地层原油样品是 H75-27-7 井口油气样配制的地层原油；H59H 地层原油样品是 H59-11-3 井下取样地层原油；H79 区块地层原油样品是 H79-29-41 井下取样地层原油；QI 区块地层原油样品是 Q+22-10 井下取样地层原油。CO_2 注入气样纯度为 99.95%（摩尔分数）。

2.4.2.3　实验程序

将 JEFRI 全视窗高压 PVT 分析釜在实验温度（各目标区块地层温度）下清洗干净，抽真空，随后将一定量地层原油样品保持单相转入 PVT 釜中，在实验温度下恒温 8h。然后开始第一次加气膨胀实验：在该地层原油的饱和压力下测试样品体积，在此压力下向地层原油中注入一定量的 CO_2 气，升高体系压力直到 CO_2 全部溶解，这时体系为单相；测试 CO_2-地层原油体系的饱和压力、体积膨胀系数等参数；最后将 PVT 仪中的 CO_2-地层原油混合样品保持单相转入高温高压落球黏度计，在实验温度下体系单相黏度，至此完成第一次加气膨胀实验。

将 PVT 釜重新清洗干净后，重复上述步骤进行第二次加气膨胀实验，第二次注入的 CO_2 气量多于第一次的加气量，同样测试 CO_2-地层原油体系的饱和压力、体积膨胀系数、黏度等参数。

2.4.2.4　实验结果分析

（1）膨胀原油。

CO_2 在油中的溶解度远远高于在水中的溶解度。实验证明，在 49℃、10.34MPa 条件下，CO_2 在油中溶解度为 $660m^3/m^3$，在水中为 $150m^3/m^3$，在油中的溶解度是在水中的 4.4 倍。

CO_2 在原油中的溶解能够引起原油体积膨胀。轻质原油溶解 CO_2 后体积系数随溶解气油比的变化如图 2.24 所示。可以看到，原油的体积系数与 CO_2 在油相的溶解气油比呈正比关系。在一定温度下，随着溶解气油比的上升，原油体积系数显著上升，当溶解气油比达到 $200m^3/m^3$ 时，体积系数能够达到 1.45~1.55。体积的膨胀能够提高地层压力、增加

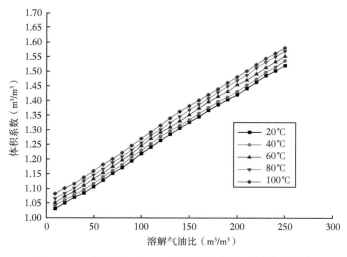

图 2.24　不同温度下 CO_2 溶解度与体积系数关系曲线

地层的弹性能量、起到膨胀增能的效果，并且有利于膨胀后的剩余油脱离地层水以及脱离岩石表面的束缚，变成可动油，从而增加产油量。

（2）降黏作用。

当CO_2饱和于一种原油后，可使原油黏度大幅降低，且原油黏稠度越高，其黏度降低幅度越大。表2.3为吉林油田部分区块原油饱和CO_2后黏度的变化情况。可以看出，随CO_2溶解度的增加，原油体积膨胀倍数越大，黏度降低幅度越大。黏度的降低改善了油水流度比，提高油相渗透率，大大增加原油的流动性。

表 2.3　吉林油田原油饱和 CO_2 后黏度变化情况表

油样来源	地层压力（MPa）	地层温度（℃）	CO_2溶解度[%(摩尔分数)]	体积膨胀倍数（倍）	黏度降低幅度（%）
H87-2	21.20	101.6	48.30	1.23	56.70
QI	18.50	76.0	45.90	1.27	58.40
H59	24.20	98.9	63.96	1.47	63.20
H79	23.11	97.3	63.58	1.41	59.62

2.4.3　降低界面张力

（1）实验装置。

测试CO_2-地层原油界面张力采用的实验装置为加拿大 PRI 的高温高压悬滴界面张力仪（图2.25），该仪器可以测试气-液、液-液界面张力，测试范围 0.008~80mN/m，最大工作压力为 70MPa，最高工作温度为 180℃。

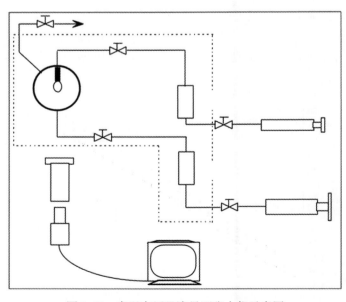

图 2.25　高温高压悬滴界面张力仪示意图

（2）CO_2-地层原油界面张力测试程序

用甲苯和石油醚将高温高压悬滴界面张力仪的悬滴室清洗干净，用热氮气吹扫以除去残存的石油醚，然后对悬滴室抽真空。

将测试系统加热至实验温度（各目标区块的地层温度）后恒温，向悬滴室注入 CO_2 气体并加压达到所需测试压力。

待测试系统温度、压力稳定后，将单相的地层原油样品在预定的测试压力下，通过毛细探针缓慢地注入悬滴室，并在探针出口端形成悬挂的油滴，随着原油的注入，油滴逐渐变大，当油滴即将从探针顶端脱落时，用摄像系统拍下油滴形状的图片，根据油滴的形状用 Andreas 选面法计算出 CO_2-地层原油间的界面张力。至此完成一个压力下的界面张力测试。重新将悬滴室清洗干净后，重复上述步骤进行其他压力下的 CO_2-地层原油界面张力测试，直至地层原油在 CO_2 中已不能形成完整的油滴时结束实验。

（3）实验结果分析。

不同温度和压力条件下 CO_2-原油界面张力变化情况如图 2.26 所示。由图可知，25℃时，CO_2-原油体系平衡界面张力在 2MPa 下为 16mN/m 左右，在 8MPa 时只有 2.73mN/m；当压力同为 4MPa 时，80℃下平衡界面张力大约为 20mN/m，而 25℃下平衡界面张力只有 10mN/m 左右。界面张力与 CO_2 在原油中的溶解量有关，溶解在原油中的 CO_2 越多，界面张力越低；升压或降温过程能够使 CO_2 在原油中的溶解度增加，油气界面张力降低。

压力是影响 CO_2 和原油界面张力的主要因素。温度为 25℃、压力小于 7～8MPa 时，CO_2-原油界面张力随压力的升高而降低，此时 CO_2 溶解度随压力升高迅速增大，界面张力快速下降；当压力增大至某一值后，继续升压界面张力降低速度明显放缓，平衡界面张力大小保持在 2～4mN/m。当压力足够大时，达到混相条件，驱油效率大幅度提高。

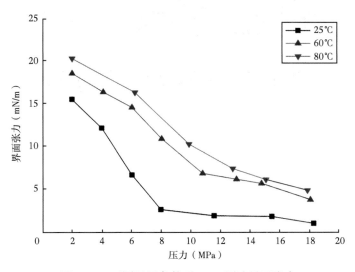

图 2.26　不同温压条件下 CO_2-原油界面张力

2.4.4 混相机理

混相机理是注入气在油藏条件下与地层原油接触时，由于两种流体之间发生扩散、传质作用，从而使原油和注入气能相互溶解而不存在分界面，形成混相，完全消除了界面张力，残余油饱和度降到最低值，从而大幅度提高驱油效率。按混相方式不同，混相分为一次接触混相和多次接触混相（动态混相）[74-76]。

一次接触混相是在一定的温度和压力下，注入流体能按任何比例直接与地层原油相混合并保持单相的过程。通常，中等分子量烃，如丙烷、丁烷或液化天然气等是常用来进行一次接触混相驱的注入剂。

多次接触混相是指在一定的温度和压力下，注入流体与地层原油虽然不能发生一次接触混相，但在流动过程中，经过两相间反复接触，发生充分的相间传质作用，最终也能达到混相的过程。多次接触混相也称作动态混相。天然气、CO_2、烟道气、N_2 以及富烃气等都能与地层原油达到多次接触混相。

2.4.4.1 CO₂ 与煤油动态混相特征

经色谱分析得到了煤油的主要成分，其中 C_7—C_{12} 含量为 99.7%（摩尔分数），密度为 $0.78g/cm^3$。

CO_2 与煤油动态混相过程如图 2.27 所示。可以看出，初始条件下煤油与 CO_2 明显地分为两层，界面清晰可见；随着压力的增加，煤油体积开始膨胀，此时以 CO_2 溶解为主，煤油中少量气体组分被萃取；继续增加压力，此时以煤油组分大量被萃取为主，CO_2 溶解为辅；继续增加压力，油气界面剧烈传质，界面混沌现象出现；再增加压力 CO_2-煤油完全混相，油气界面完全消失。由于煤油中中间烃较多，混相过程持续时间较短。

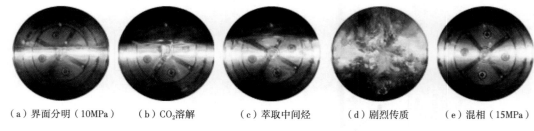

（a）界面分明（10MPa）　（b）CO₂溶解　（c）萃取中间烃　（d）剧烈传质　（e）混相（15MPa）

图 2.27　CO₂ 与煤油动态混相过程

2.4.4.2 CO₂ 与地层原油动态混相特征

经色谱分析得到地层油的主要组成，C_2—C_6 为 10.5%（摩尔分数），C_7—C_{15} 为 51.5%（摩尔分数），C_{16}—C_{29} 为 17.9%（摩尔分数），C_{30+} 为 12.2%（摩尔分数），油密度 $0.85g/cm^3$。

CO_2 与地层原油动态混相过程如图 2.28 所示，可以看出，初始条件下 CO_2 与地层原油界面十分清晰；随着压力的增加地层原油体积开始膨胀，此时以 CO_2 溶解为主，少量的 C_2—C_6 组分被萃取，极少量 C_7—C_{15} 被抽提，形成少量薄雾区域；压力继续增加，地层原油中中间烃组分被大量萃取，形成富烃带，该区域在油气混相过程中起着重要作用；继续增加压力，油气界面传质加剧，界面混沌现象出现，大量重质组分参与混相，油气界面比较模糊；再增加压力，大量的 C_{30+} 组分也被溶解，CO_2-地层油完全混相，油气界面完全消失，形成单一相，但是其中可能包含着少量未溶解的重质组分。

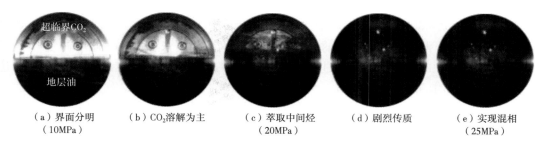

（a）界面分明　　（b）CO_2溶解为主　　（c）萃取中间烃　　（d）剧烈传质　　（e）实现混相
　（10MPa）　　　　　　　　　　　　　（20MPa）　　　　　　　　　　　　　　（25MPa）

图 2.28　CO_2 与地层原油高压釜间传质过程实验

2.4.4.3　最小混相压力和采收率的关系

理论和实践都已证明：混相驱的驱油效率远高于非混相驱。能否实现混相是影响 CO_2 压裂效果的关键因素之一。当驱替压力高于最小混相压力（MMP）时，即可实现混相。CO_2-原油体系最小混相压力是 CO_2 驱油中的一个重要参数。

（1）最小混相压力的确定方法。

地层原油并不是在任何条件下，与任何一种注入气都能形成混相。影响混相的因素较多，主要有体系压力、油藏温度、注入气体的组成和地层原油的组成及性质等。对于吉林油田目标区来说，地层原油性质、注入 CO_2 气体的组成以及地层温度是一定的，所以压力就成为影响混相的关键因素。在油藏温度下，注入气体和地层原油达到多次接触混相的最小限度压力，称为最小混相压力（MMP）。

最小混相压力的确定方法主要有实验方法和理论计算方法两种。到目前为止，实验室测定仍然是最为准确和可靠的方法。实验室测定方法有很多，包括细管实验法、升泡仪法、蒸气密度测定法和界面张力消失法等。在这些实验方法中，细管实验法是应用最广泛并得到公认的确定混相压力的方法。而界面张力消失法常用于测试一次接触最小混相压力。

吉林油田采用细管实验法和界面张力消失法两种实验方法，分别测试了 H87-2、H59 和 H79 等 27 个区块 CO_2-地层原油体系的最小混相压力。

①细管实验法确定最小混相压力。

细管实验法是在细管模型中进行的模拟驱替实验。细管模型是一根内部均匀填充一定粒径范围的未胶结石英砂粒或玻璃珠的不锈钢长细管。它不是模拟真实的油层条件，而是一个简化的一维物理模型。其目的在于提供一种途径和多孔介质，使得注入气体在驱替地层原油的过程中，气相和液相反复多次接触，发生充分的相间传质作用，在合适的条件下注入气体与原油可以达到多次接触动态混相，从而确定混相条件。在细管模型中，管长、管径、驱替速度和粒径可以有不同的组合，但其设计必须尽可能排除流度比、黏性指进、重力分离、岩性的非均质等不利因素所带来的影响。

本研究采用细管实验法进行 CO_2 驱油混相条件实验研究。通过规定尺寸的长细管内填充岩样模拟储层内多孔介质，进行多次驱替试验绘制 CO_2 驱油效率与相应注气压力的关系曲线，通过混相点做两条直线，则两条直线回归的交点所对应的注气压力值即为最小混相压力。细管实验法确定的是多次接触最小混相压力。

②界面张力消失法确定 CO₂-地层原油一次接触的最小混相压力。

CO₂ 与地层原油间的界面张力随体系压力的升高而降低，界面张力越低驱油效率越高，当体系压力足够高时，油-气界面消失、界面张力为零，这时达到混相，驱油效率最高。在地层温度下测试不同压力下的 CO₂-地层原油间的界面张力，可以研究油-气界面张力随注入压力变化的规律，而且通过测试油-气界面的消失点可以确定 CO₂ 与地层原油达到一次接触混相时的最小混相压力。

气/液界面张力的测试方法通常有毛细管升高法、脱环法、滴体积法、吊片法、气泡最大压力法、停滴法、悬滴法等，而用于测量高温高压体系的气液界面张力，目前主要采用悬滴法。悬滴法即可测定气-液界面张力也可测定液-液界面张力，只要两相间有密度差且一相是透明的都可测定。

本研究采用悬滴法测试 CO₂-地层原油的界面张力。悬滴法是通过测定悬挂在毛细探针顶端的液滴外形参数，应用 Bashforth-Adams 方程推算出液体和气相间的界面张力。此类的方法虽然不少，但有实用价值的还是 Andreas 等提出的选面法。其数学模型为

$$\gamma = \Delta \rho d_e^2 g / H \tag{2.40}$$

$$1/H = f(d_s/d_e) \tag{2.41}$$

式中　d_e——悬滴液滴的最大直径；

　　　g——重力常数；

　　　$\Delta \rho$——两相密度差；

　　　d_s——选择面直径，其定义为在与悬滴顶点垂直距离等于 d_e 的地方做最大直径 d_e 的平行线，交于液滴外形曲线的长度。

悬滴选面法如图 2.29 所示。d_e 和 d_s 可根据液滴外形测量得到，不同压力下的地层原油密度由 PVT 实验测定，CO₂ 气体密度则由状态方程计算可求得。

计算机化的悬滴法是由一摄像机/相机抓取一悬滴的图像，并将整个图像数字化。数字化后的图像由计算机进行图像处理，测定其整个悬滴轮廓的坐标（可多致几千个坐标点），而且坐标测量的可达到亚像素（sub-pixel）精度（图 2.30）。通过将后者拟合到描述悬滴轮廓的 Bashforth-Adams 方程式，就可得到毛细管常数 a。在知道了界面两相的密度差和重力加速度的情况下，就可由 a 计算出界面的表/界面张力值。在拟合过程中，计算

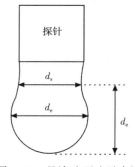

图 2.29　悬滴选面法示意图

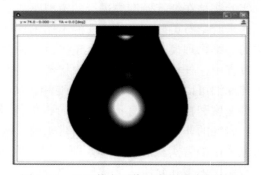

图 2.30　基于数字图像的完整液滴轮廓法

方法不但考虑了表面的毛细管常数以及液滴的本身参数，而且将几乎所有的可能影响因素［如图像成像过程中的可能形变、悬滴图像相对于相机的相对旋转角度（由于相机的放置不可能100%水平）、图像的可能对焦（focus）偏差等］都考虑在内。整个计算过程在短于1s内就能完成，真正做到快速、准确和不受主观因素影响。这种方法的精度在一般实验条件下就可以达到约0.1%。

（2）实验装置和样品。

①细管实验法装置。

本研究所用的实验装置是自行组建的，具体流程如图2.31所示，其中的关键部件细管模型的主要参数见表2.4。

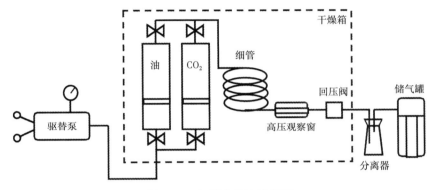

图2.31　细管实验法流程图

表2.4　细管模型基本参数

主要参数	参数值
最高温度（℃）	150
最高压力（MPa）	55
长度（m）	18.3
内径（mm）	3.86
外径（mm）	6.35
填充物（石英砂）（目）	170~325
孔隙度（%）	39
气体渗透率（D）	3.2

②界面张力法实验装置。

采用高温高压悬滴界面张力仪，该装置如图2.25所示。

③实验样品。

实验样品包括27个目标区块的地层原油样品和CO_2注入气样品。CO_2注入气样品纯度为99.95%（摩尔分数）。

（3）细管实验程序。

①细管模型清洗。

每次驱替实验前先将细管模型恒温至实验温度（各目标区块的地层温度），用甲苯和石油醚将细管模型清洗干净。用高压氮气吹干净细管模型中的溶剂。对细管抽真空 12h 以上。

②测定细管模型孔隙体积。

在实验温度下将细管模型清洗干净并抽真空后，通过回压阀将细管出口端的回压设置到实验所需的压力值，保持该压力用驱替泵注入甲苯，待压力充分稳定后，计量注入的甲苯体积，经校正后即可得到实验温度和给定实验压力下的细管模型总孔隙体积。

③饱和地层原油。

将细管模型清洗干净后，用甲苯充满整个细管模型并恒定到试验温度，通过回压阀将细管出口端的压力设置到实验所需的压力值（必须高于地层原油饱和压力）。保持实验压力用地层油样品驱替细管中的甲苯。当地层原油样品驱替 2.0 倍孔隙体积后，每隔 0.1~0.2 倍孔隙体积，在细管出口端测量产出的油、气体积，并取油、气样分析其组成。当产出样品的组成、气油比均与地层原油样品一致，表示地层原油饱和完成。

④最小混相压力测定。

在实验温度和预定的驱替压力下，以 15.00cm³/h 的速度恒速注入 CO_2 气驱替细管模型中的地层原油；每注入一定量的 CO_2，收集计量产出油、气体积，记录泵读数、注入压力和回压，通过高压观察窗观察流体相态和颜色变化；当累计注入 1.2 倍孔隙体积的 CO_2 后，停止驱替；确定每个目标区 CO_2 驱油的最小混相压力（表 2.5）。

（4）实验结果分析。

截至 2015 年底，吉林油田已完成 27 个区块的原油最小混相压力测定，基本明确重点区块的混相压力。其中应用毛细管法测定 H87 区块 F 油层原油最小混相压力为 27.45MPa，如果地层压力小于最小混相压力，不能实现混相。

表 2.5　H87 区块 F 油层原油最小混相压力的测定

序号	井底压力（MPa）	温度（℃）	评价
1	21.20	101.6	非混相
2	23.00	101.6	非混相
3	26.00	101.6	近混相
4	28.00	101.6	混相
5	30.00	101.6	混相
6	32.00	101.6	混相

原油通过与 CO_2 多次接触可以发生混相，使采收率达到 90% 以上。从图 2.32 中可以看出，随着压力的增加原油采收率不断提高，当井底压力大于最小混相压力时，采收率随压力增加而增加的幅度变小。

因此根据井下压力计数据和测定的最小混相压力，可以确定最佳关井时间即压后井底压力大于最小混相压力的时间。

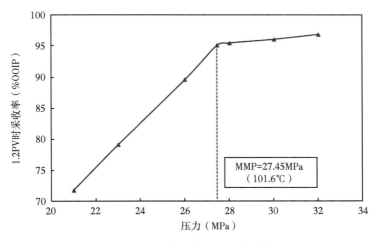

图 2.32 采收率随压力变化曲线

2.4.4.4 CO_2-地层原油体系的相间传质机制

原油与 CO_2 体系在不同的压力条件下均有传质互溶作用，但是只有在较高的环境压力下才能传质，充分达到混相状态，即使能达到混相，与轻、中质组分含量较高的煤油相比，其接触传质的时间也要长很多，因此传质过程更为复杂。原油-CO_2 需多次接触、相间传质，最终实现混相，过程复杂，混相压力高。

对比国内陆相沉积原油与国外海相沉积原油组分分布规律，陆相沉积原油 C_2—C_6 组分明显低于海相，C_{11+} 组分高于海相（图 2.33），而最小混相压力也明显高于海相（图 2.34）。

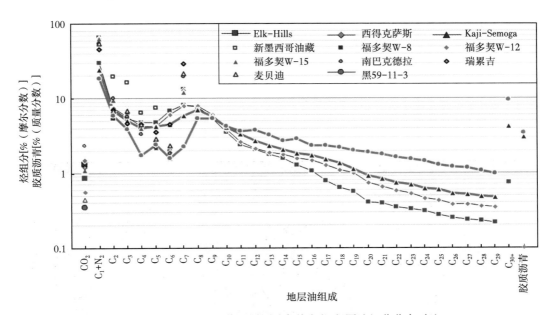

图 2.33 H59-11-3 井地层原油与海相沉积原油组分分布对比

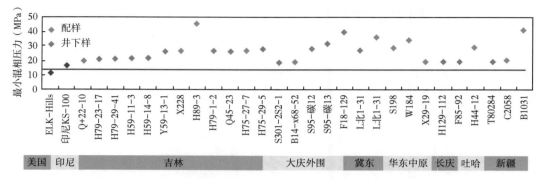

图 2.34　国内外不同油田最小混相压力统计对比图

对不同阶段的 CO_2-地层原油混相过程中的每个挥发层进行分层取样，利用色谱进行气相组分分析发现：烃组分传质能力随碳数增加而减弱。轻烃组分（C_2—C_6）具有强传质能力，极易混相；中间组分（液烃 C_7—C_{15}）具有较强传质能力，易混相；重组分（固烃 C_{16+}）传质能力较弱，不易混相；极性重组分（胶质沥青）基本不具备传质能力，易沉积（表 2.6）。也就是说原油中重质组分所占比例决定混相时间的长短。

表 2.6　原油关键组分对混相能力的影响

原油组分	对混相能力的影响
轻烃组分（C_2—C_6）	强传质，极易混相
中间组分（C_7—C_{15}）	较强传质，易混相
重组分（固烃 C_{16+}）	弱传质，不易混相
极性重组分（胶质沥青）	极弱传质，易沉积

2.4.4.5　CO_2 微观驱油机理

实验表明，在 CO_2 贴壁面进入岩心后，不断有新的原油轻、中质组分（通常为 C_2—C_{16}）溶解到 CO_2 中，而 CO_2 分子也不断地进入原油中，通过接触传质，CO_2 与原油逐渐混相，逐渐降低界面张力并接近零，使油气混合流体流动能力增强，最终达到提高石油采收率的目的（图 2.35）。

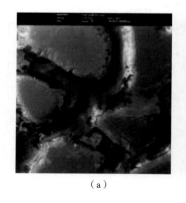
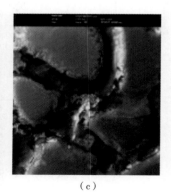

（a）　　　　　　（b）　　　　　　（c）

图 2.35　CO_2 与原油混相传质

由于在高压下，特别是在超临界条件下，CO_2 具有接近于液体的密度，且它在溶质周围的密度可能远远大于溶剂本体的密度，这使其具有很强的溶解低挥发物质的能力，且其黏度与气体接近，分子间扩散系数比液体大，具有良好的传质能力，对于任何大于 CO_2 分子的空间，都可以较容易地进入。

因此，CO_2 与原油混相过程主要表现在以下两个方面：

（1）CO_2 不断地从油相中萃取轻烃。

（2）CO_2 分子不断地进入油相中稀释原油，这就在一定程度上缓解了水驱油过程中轻烃组分传质到水中引起的油变重流度变小的问题。

在孔喉配位数较大的区域，CO_2 将壁面处的原油以连续的"球面油膜"的形式运送到主流道，一部分与主流道壁面处的原油汇合，一部分溶入主流道中的 CO_2 或 CO_2-原油混相液中，后续的油膜不断地从小的喉道进入孔道重复上一阶段流动。该流动可以绕过孔隙中的水流，更有利于孔隙中的残余油被驱出，对洗油效率的提高有显著效果（图 2.36）。

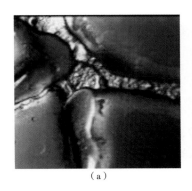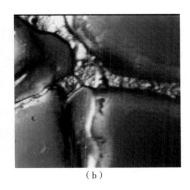

（a）　　　　　　　　　　　（b）

图 2.36　油膜在 CO_2 中的运移

液态 CO_2 存在局域密度的不均匀性，而且它的许多独特性质都源于密度对压力的高度敏感性。由于液态 CO_2 密度的涨落非常大（尤其是在临界点附近），使得其微观密度和宏观密度不一致。另外，许多实验及理论研究都表明，对于较稀的临界流体溶液，在流体的高度可压缩区，由于分子间的吸引作用，在溶质周围的溶剂密度远远大于溶剂本体的密度，导致局部密度的增强或局域组成的增加，这种现象通常被称为分子间发生了"聚集"或在分子间形成了"聚集体"。以溶剂分子在溶质分子周围的"聚集"为例，该类型的聚集可设想为当溶质加入溶剂中时，溶剂围绕着溶质形成"聚集体"，每个聚集体中可包含几十到几百个溶剂分子。在溶质周围溶剂分子的密度比体相中要大。

因而，原油就相当于 CO_2 中的溶质，CO_2 流体相当于溶剂，原油附近的 CO_2 密度比其他区域大，这就有利于 CO_2 萃取原油中的组分，并增加 CO_2 进入原油中的能力，进而降低原油的黏度与密度，使其体积膨胀，增加了原油的弹性能，为后续驱替液的进入提供了有利的条件。

2.4.5　防膨、解堵作用

CO_2 与地层水反应生成碳酸，饱和碳酸水 pH 值为 3.3～3.7，可减少黏土矿物膨胀

（一般 pH 值在 4.5~5.0 以下时，黏土矿物膨胀程度被减小，溶解的 CO_2 可提高地层的渗透性。pH 值大于 4.0 时，铝、铁离子便会沉淀，堵塞流动通道，低 pH 值碳酸盐有助于防止这种堵塞），减少油层污染。

CO_2 的溶剂化能力很强，可以把近井地带的重油组分和一些残渣吸收，解除近井地带的堵塞，使近井地带畅通，改善了油流通道，从而实现增产增注，有效提高油气采收率的目的。

2.4.6 降低水相渗透率

CO_2 与地层水体系在吐出阶段形成泡沫贾敏效应，显著降低水相渗透率。在吐出阶段，CO_2 气体与地层水体系，共同运移过程相当于水气交替驱油过程，主要作用在于控制了流度比和连通了未波及的区域，可以提高采收率。CO_2 气体与水实现相互作用，一方面水占据了大孔道，能够抑制气体的快速产出，促使 CO_2 进入其他微小孔隙，与原油接触实现降低原油黏度、改变孔隙润湿性；另一方面 CO_2 在大孔隙中由于贾敏效应，改变了水的流向，增加了流向微小孔隙驱替量，驱替微小孔隙原油，达到了降水增油的目的，最终实现提高区块原油采收率。

2.4.7 竞争吸附作用

超临界 CO_2 非常适合于存在吸附气的煤层气与页岩气藏开发。以页岩气藏为例，气体的主要成分是 CH_4，吸附于岩石颗粒和有机质表面，甲烷含量 20%~85%，降压开采解析程度有限。当进行 CO_2 无水压裂时，CO_2 注入地层，在地层温度和压力下，CO_2 以超临界状态存在，其流体黏度低、表面张力为零、易流动，容易进入毛细孔隙中；同时，CO_2 分子比 CH_4 分子具有更强的吸附能力，可以通过竞争吸附，将吸附在颗粒和有机质表面的气体（甲烷）置换出来，增加游离态 CH_4 气体的含量，从而大幅度提高页岩气单井产量和采收率。

3 入井材料

CO2 在油藏压力和温度条件下黏度极低，导致压裂过程中滤失量大、造缝能力不足、携砂能力较差等一系列问题。需要从两方面入手解决这些问题：一是设计并研发溶解性好、能有效提高油藏条件下 CO_2 黏度的添加剂；二是优选低密度、具有较好的悬浮性能和强度的支撑剂。本章分别介绍这两方面的研究进展及室内评价实验概况。

3.1 压裂液体系

3.1.1 CO2 压裂液稠化剂分子设计

在油藏压力和温度条件下，液态和超临界态 CO_2 的黏度极低，难以将支撑剂输送至压开裂缝的深部。为了克服这一性能限制，需要研发 CO_2 压裂液稠化剂体系。目前所做的许多尝试是直接加入稠化剂增加液态 CO_2 的黏度，常用的稠化剂主要有聚合物稠化剂、小分子稠化剂和表面活性剂三种[77-83]。聚合物稠化剂主要是超高分子量聚合物，因为它们是增加黏度的理想选择；小分子稠化剂能够形成交联结构；表面活性剂通过彼此交联，形成棒状或蠕虫状胶束，从而增加液体黏度[84-87]。下面分别介绍三种增稠策略的研究进展。

3.1.1.1 聚合物稠化剂

迄今为止，人们已经做了许多努力去寻找一种能够在油藏温度和压力下可以有效提高 CO_2 黏度的聚合物，但是大多数尝试都以失败告终。虽然在理想状态下，聚合物可以溶解于 CO_2 压裂液中，但由于溶解条件、成本控制等诸多因素，目前仍无法在现场应用中实现[88-93]。Heller 等研究发现最好的聚合物也只能将压裂液的黏度提高 1.3 倍，但是在实际施工中需要将黏度提高 20~30 倍[94]。Enick 等人首次研发出了一种名为氟化丙烯酸酯–苯乙烯的共聚物来增加液态 CO_2 的黏度[95]。它可能是唯一有效的聚合物稠化剂，但成本很高，而且黏度只能提高约 5 倍[96]。

3.1.1.2 小分子稠化剂

目前正在探索利用小分子形成高分子结构的方式来稠化 CO_2 压裂液。这种小分子应具有亲油基团以提高在 CO_2 中的溶解度，同时也应具有亲水基团，允许其与周围分子形成交联结构。但是，至今这种稠化剂研发成功的案例比聚合物稠化剂还要少。人们测试过许多种化合物，包括羟基氯化铝二酸皂[97,98]、半氟化烷烃、小分子有机化合物和胶体[40,99]、共聚物[100-103]等。尽管其中一些化合物能够小幅度地对液态 CO_2 进行增稠，但由于价格过于昂贵，同时需要较高的浓度（质量分数为 2%~10%）才能有效果[88]，所以至今仍未进行现场试验。

3.1.1.3 表面活性剂

通过使用表面活性剂，彼此交联在液相 CO_2 中形成棒状或蠕虫状胶束也能增加液态

CO_2 的黏度。为了产生这种交联结构，需要加入一些添加剂，如助乳化剂、助溶剂（中链乙醇和胺）。这些表面活性剂包括阳离子-阴离子表活剂、离子-非离子表活剂、非离子混合表活剂。盐类和氟化表面活化剂也可以增加可逆胶束的数量，但在液态 CO_2 中即使添加高达10%的氟化表面活性剂，流体黏度也仅能提高90%[88]。

3.1.2 CO$_2$ 压裂液体系及其性能评价

综合上述三种稠化剂的优缺点，设计了一种新型脂类 CO_2 两亲性共聚物 ZCJ-1，并对其黏度、悬砂、摩阻、伤害性能展开综合评价，最终形成一套 CO_2 无水压裂液体系。

3.1.2.1 黏度测试实验

在实际应用中，黏度是压裂液最重要的性质之一，直接影响压裂液的造缝性能、携砂性能和滤失性能。CO_2 黏度测试整套实验设备由 CO_2 气瓶、活塞中间容器、增压泵、MARS Ⅲ 旋转流变仪、循环制冷机以及管线组成，其中由德国哈克公司生产的 MARS Ⅲ 旋转流变仪是目前模块化程度最高的纳米级流变仪，实物如图 3.1 所示。

图 3.1　MARS Ⅲ旋转流变仪

MARS Ⅲ 旋转流变仪主要由压力单元系统、电加热控温系统、高压密闭系统、制冷液循环器控温系统、空气压缩机组成。压力单元系统作为旋转流变仪的附件，主要为待测样品提供一个完全封闭的空间，测试样品在一定剪切速率下，黏度与温度、压力、剪切应力等的变化关系。压力单元主要由外磁环、内磁环、转子和测量杯等组成，转子与杯体之间有一段距离很小的间隙。在测量压裂液黏度时，液态 CO_2 将杯体内的间隙充满。开始测量后，流变仪主机电动机通过磁力耦合作用，驱动压力系统测量杯内的转子进行转动。这样，在流体内部各流层间就会存在速度差异，即产生速度梯度。流速快的流层与流速慢的流层之间会产生摩擦阻力。在单位面积上作用的摩擦阻力称为切应力。那么就可以利用式（3.1）计算待测压裂液的黏度：

$$\eta = \frac{\tau}{\dot{\gamma}} \tag{3.1}$$

式中　τ——剪切应力，与扭矩 M 相关；

$\dot{\gamma}$——剪切速率，$\dot{\gamma}$ 与转速相关。

实验系统连接顺序如图 3.2 所示。仪器连接完成后，进行试压测试，检测整套设备中是否有漏气。实验开始后，将装有实验样品和转子的测量杯放置于流变仪主机上。关闭测量杯与其他管线间的阀门，利用 CO_2 气瓶向系统内注入 CO_2 气体，当气体充满测试系统后关掉气瓶阀门，并使用增压泵对中间容器进行加压；重复上一步的过程直到将系统内压强升到一定压力；打开测量杯阀门使高压的 CO_2 流体流入测量杯中；利用流变仪控温系统使测量杯内的温度达到试验预设温度。外磁环在流变仪主机测量轴的带动下，利用磁力耦合作用，驱动测量杯内转子旋转，通过测量轴扭矩和转速计算得到压裂液的黏度。

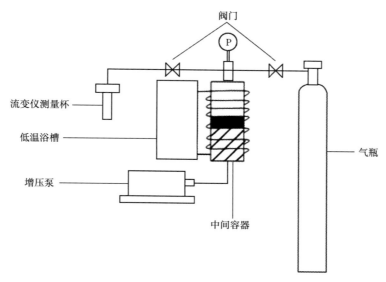

图 3.2　MARS Ⅲ 旋转流变仪测试系统

（1）纯 CO_2 黏度测量。

由于纯液态 CO_2 为牛顿流体，而牛顿流体的黏度不随剪切速率而变化，只与流体的温度和压力有关。因此，试验中只需测试所对应的状态下某一个剪切速率下的黏度值，即为纯 CO_2 在该状态下的黏度。利用 MARS Ⅲ 旋转流变仪测量在不同温度和压力下纯 CO_2 的黏度值，并与文献值相比较。

实验温度为 -10℃、0℃、10℃ 和 20℃，实验压强为 10MPa、15MPa、20MPa、25MPa 和 30MPa，实验结果见表 3.1。

表 3.1　不同温度和压力下纯 CO_2 黏度值

压力 （MPa）	温度 （℃）	黏度（测量值） （mPa·s）	黏度（文献值） （mPa·s）	偏差 （%）
10	-10	0.1449	0.1330	8.947
	0	0.1152	0.1139	1.141
	10	0.1007	0.0970	3.814
	20	0.0878	0.0815	7.730
15	-10	0.1453	0.1418	2.468
	0	0.1271	0.1231	3.249
	10	0.1138	0.1068	6.554
	20	0.0956	0.0925	3.351

压力 （MPa）	温度 （℃）	黏度（测量值） （mPa·s）	黏度（文献值） （mPa·s）	偏差 （%）
20	−10	0.1538	0.1500	2.533
	0	0.1343	0.1313	2.285
	10	0.1182	0.1153	2.515
	20	0.1088	0.1013	7.404
25	−10	0.1627	0.1577	3.171
	0	0.1425	0.1390	2.518
	10	0.1301	0.1230	5.772
	20	0.1121	0.1091	2.750
30	−10	0.1728	0.1651	4.664
	0	0.1515	0.1463	3.554
	10	0.1381	0.1301	6.149
	20	0.1213	0.1163	4.299

从表3.1可以看出，用MARS Ⅲ旋转流变仪测得纯CO_2的黏度与文献值对比，平均偏差在4.24%，满足实验测试精度要求。此外，从实验结果可以得出以下结论：

①当压力一定时，CO_2黏度随着温度的升高而降低；温度一定时，CO_2黏度随压力的增加而增加。对于纯液态CO_2，温度升高，液态CO_2分子动能增加，分子之间的作用力不足以约束液态CO_2分子，CO_2流动性增强，黏度减小；压力的增加，会使液态CO_2分子之间的作用力增强，因此液态CO_2黏度增加。

②对于液态CO_2，温度对黏度的影响大于压力的影响，这说明温度对液态CO_2分子自由运动的促进作用要大于压力对分子自由运动的抑制作用。

（2）加入ZCJ-1后体系黏度测量。

①ZCJ-1加量对黏度的影响

实验固定压力为10MPa，温度分别设为−10℃和40℃，代表液态与超临界态2种状态，设定所有实验的剪切速率为$170s^{-1}$，调整稠化剂的加量，重复实验过程，研究浓度对黏度的影响。

实验结果见表3.2。以−10℃、10MPa实验条件为例，随着稠化剂加量从1%（质量分数）升高到2%（质量分数），压裂液黏度相应地从3.17mPa·s升高到8.92mPa·s；相同状态下纯CO_2黏度是0.133mPa·s，提黏倍数从23.8倍升高到67.2倍。

表3.2　不同浓度稠化剂的流变试验结果

温度 （℃）	压力 （MPa）	稠化剂浓度 ［%（质量分数）］	黏度 （mPa·s）
−10	10	1	3.17
−10	10	1.5	5.23
−10	10	2	8.92
40	10	1.0	1.09
40	10	1.5	1.39
40	10	2	1.96

②温度对黏度的影响。

实验固定稠化剂的加量为1%（质量分数），压强为10MPa，调整温度，重复实验过程，研究温度对黏度的影响。由于在超临界状态下，整体黏度较小，测得的实验误差大，无法直观反映温度对黏度的影响。为此，测量了液态下3个不同的温度−10℃、0℃和10℃，所有实验的剪切速率为170s^{-1}。

将3个不同温度的稠化剂流变实验进行总结：压裂液的黏度与温度呈负相关关系，在1%（质量分数）的稠化剂加量10MPa条件下，随着温度从−10℃升至10℃压裂液黏度从3.17mPa·s降至1.86mPa·s（表3.3）。

表3.3　不同温度的稠化剂流变试验结果

温度 （℃）	压强 （MPa）	ZCJ-1浓度 [%（质量分数）]	黏度 （mPa·s）
−10	10	1	3.17
0	10	1	2.48
10	10	1	1.86

在10MPa压力下，纯液态在CO_2温度−10℃时黏度约为0.133mPa·s，0℃时黏度约为0.1139mPa·s，10℃时黏度约为0.097mPa·s。稠化剂的加入是在CO_2基液的基础上对其进行黏度改性，CO_2基液的黏度随着温度的升高而降低，因此混合液的黏度与温度之间的负相关关系也就不难理解。

③压强对黏度的影响。

将稠化剂的加量固定为1%（质量分数）、温度为−10℃，改变压强，重复实验过程，研究压强对CO_2压裂液体系黏度的影响。实验中共测量了10MPa、15MPa和20MPa 3个不同的压强，所有试验的剪切速率为170s^{-1}。

将3个不同压强的稠化剂流变试验进行总结：压裂液的黏度与压强呈明显的正相关关系，在1%（质量分数）的稠化剂加量和−10℃温度条件下，随着体系的压强从10MPa升至20MPa，压裂液黏度从3.17mPa·s升至3.67mPa·s（表3.4）。

表3.4　不同压强的稠化剂流变试验结果

温度（℃）	压强（MPa）	ZCJ-1浓度（%）	黏度（mPa·s）
−10	10	1	3.17
−10	15	1	3.46
−10	20	1	3.67

在−10℃温度下，CO_2基液压力为10MPa时黏度仅约为0.133mPa·s，15MPa时黏度为0.1418mPa·s，20MPa时黏度达到0.15mPa·s。稠化剂的加入是在CO_2基液的基础上对其进行黏度改性，因为CO_2基液的黏度随着压强的升高而升高，稠化剂-CO_2混合液的黏度与压强之间的正相关关系是非常合理的。

3.1.2.2　悬砂实验

压裂液的携砂性能是指压裂液对支撑剂的悬浮及携带能力。当携砂压裂液注入裂缝时，支撑剂颗粒除了受到水平方向上流体的携带力作用，还受到竖直方向上的重力作用，因此在水平运移的过程中会逐渐发生沉降现象。携砂性能好的压裂液不仅能够将支撑剂全部均匀地带入储层裂缝，还能提高压裂液的含砂比、增大所携带支撑剂的直径、提高压裂开采增产率。而在携砂性能差的压裂液中，支撑剂在注入裂缝的过程中很快发生沉降，不能全部进入裂缝，裂缝的端部将没有支撑剂填充而成为无效裂缝，降低压裂效率，影响压裂效果，更严重的是支撑剂沉聚于井筒或井底附近造成砂卡、砂堵等事故，导致整个压裂作业失败。

室内评价压裂液的携砂性能主要通过动态携砂实验和静态悬砂实验。动态携砂实验是为了模拟携砂压裂液在管道中的输送过程，可通过大型可视管路设备观察支撑剂在管路流体内水平运移及沉降情况，同时还能测量出支撑剂在压裂液中的临界沉降流速，即支撑剂颗粒从完全悬浮状态到开始在管路底部沉降时的流体流速。静态悬砂实验能够观察支撑剂在静止压裂液中的沉降情况，并测量出单颗和多颗支撑剂在压裂液中的静态沉降速度，以此评价压裂液的悬砂性能。研究支撑剂在压裂液中的沉降规律，能够为施工排量和砂比优化提供参考，避免井底发生砂卡、砂堵等事故。

由于实际 CO$_2$ 压裂施工时泵注压力较大，CO$_2$ 在井筒和地层内以液态或超临界态存在。动态携砂实验设备中的水平透明观察段材质大都为玻璃或塑料，耐压性有限，不能在实验中保持较高的压力确保 CO$_2$ 处于液态，因此只能通过静态悬砂实验来评价 CO$_2$ 压裂液的悬砂性能。

静态实验采用的仪器为自行设计的高压可视反应釜（图3.3），与其配套的设备包括中间容器、增压泵、制冷循环机、压力表、管线等，系统如图3.4所示。

图 3.3　高压可视反应釜实物图

反应釜的釜体材料为不锈钢，工作压强为35MPa。在反应釜前后两面分别有矩形蓝宝石可视窗，便于观察支撑剂从釜顶到釜底的沉降过程。反应釜外部由低温浴槽所包裹，浴槽中不断循环的制冷剂与釜体进行热交换，实现釜体内的 CO$_2$ 降温。在反应釜内部上方有一根金属棒，端部的凹槽与可视窗位于同一竖直面（图3.5）。当从外部转动金属棒时，

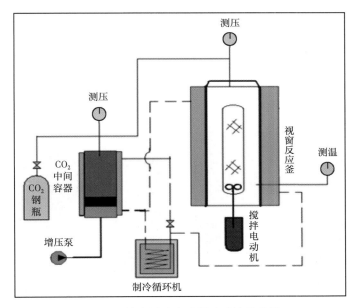

图 3.4　静态悬砂实验测试系统示意图

凹槽内的支撑剂颗粒便可由静止落下。在反应釜底部为带有电动机的搅拌桨，可通过高速旋转带动流体，将落下的支撑剂扬起，这样便可多次重复观察支撑剂沉降情况。

图 3.5　反应釜内部结构照片

实验步骤：通过管线依次将 CO_2 气瓶、中间容器、增压泵、高压可视反应釜、循环制冷机连接起来；将支撑剂放入釜内的凹槽；检测整套设备的气密性；关闭中间容器与反应釜之间的阀门，利用 CO_2 气瓶向系统内充入 CO_2 气体，通过增压泵使中间容器中 CO_2 的压强达到一定值，同时通过循环制冷机对整套设备进行降温，使得中间容器中的 CO_2 成为液态，打开反应釜的阀门使液态 CO_2 流入釜内；旋转反应釜上方的金属棒，凹槽内的支撑剂从静止状态落下，记录支撑剂从可视窗上部落到底部所需的时间，计算可得支撑剂的沉降速度。

（1）支撑剂在纯液态 CO_2 中的沉降情况。

在第一组试验中，反应釜内只通入纯液态 CO_2，釜内保持温度为 $-10℃$，压强为 20MPa。所用的支撑剂为 40/70 目陶粒，密度为 $2.35g/cm^3$。经过测量和计算，单颗支撑剂在纯液态 CO_2 中的沉降速度为 16.52cm/s。支撑剂沉降过程如图 3.6 所示。

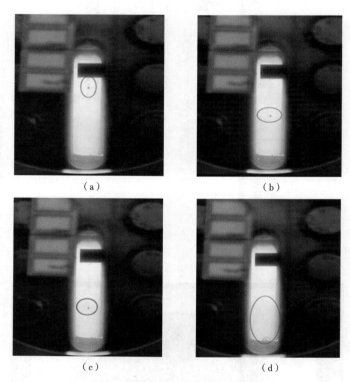

图 3.6　支撑剂颗粒在纯液态 CO_2 中的沉降过程

在第二组实验中，反应釜内依然只通入 CO_2，保持温度和压强分别为 $-10℃$ 和 20MPa。支撑剂的浓度由单颗粒变为 5%砂比，提前将支撑剂放入反应釜内，通过搅拌桨的快速旋转将支撑剂扬起，记录支撑剂整体沉降的平均时间。5%砂比支撑剂在纯液态 CO_2 中的沉降速度为 18.39cm/s。

（2）支撑剂在稠化剂-CO_2 混合体系中的沉降情况。

在第三组实验中，将测试支撑剂颗粒在稠化剂-CO_2 混合体系中的沉降速度，稠化剂的加量为 2%（质量分数），釜内的温度和压强保持为 $-10℃$ 和 20MPa，测得的沉降速度为 10.34cm/s。

在第四组实验中，加入的支撑剂砂比为 5%，釜内为 2%（质量分数）稠化剂-CO_2 的混合体系，温度和压强分别为 $-10℃$ 和 20MPa，测得的沉降速度为 12.21cm/s。

（3）支撑剂在加入纤维的 CO_2 压裂液中的沉降情况。

在水基压裂液施工中，通过加入纤维来防止支撑剂返排和提高压裂液的携砂能力。纤维在压裂液中扩散形成空间网状结构，通过网状结构与颗粒之间的相互作用来阻止颗粒下沉，降低支撑剂的沉降速度。目前关于在 CO_2 压裂液中加入纤维对压裂液携砂能力影响的研究还比较少。本节通过在 CO_2 压裂液中加入纤维，研究纤维对支撑剂沉降情况的影响。实验中所用的纤维为纳米涂层纤维，具体为聚合物/蒙脱土纳米复合纤维，纤维长度为 3~6mm。

在第五组实验中，提前将纤维放入反应釜内，纤维在压裂液中的质量百分比为 1.5%，釜内压裂液稠化剂的加量为 2%（质量分数）。釜内的温度和压强分别为 -10℃ 和 20MPa，等到反应釜内充满液态 CO_2 后，先进行搅拌，使纤维能更好地扩散开，然后旋转金属杆使支撑剂颗粒从静止落下，最终测得支撑剂颗粒的沉降速度为 8.41cm/s。加入纤维后，支撑剂的沉降情况如图 3.7 所示。

可以看到，纤维之间形成的网状结构，能够固定支撑剂颗粒并降低其沉降速度。图 3.7 中上方有部分纤维聚集在一堆，说明试验所用的纤维在液态 CO_2 中的扩散性欠佳，不能完全均匀地分散开。

在第六组实验中，实验条件大致与第五组实验相同，支撑剂浓度由单颗粒变为 5%砂比。当纤维在压裂液中扩散开，通过搅拌桨旋转将支撑剂扬起，最终测得支撑剂团整体平均的沉降速度为 10.19cm/s。

对 6 组的实验结果进行小结，见表 3.5。

图 3.7　加入纤维后支撑剂颗粒的沉降情况

表 3.5　支撑剂颗粒在不同 CO_2 压裂液体系中的沉降速度

试验条件	纯液态 CO_2	2%（质量分数）稠化剂	1.5%（质量分数）纤维+2%（质量分数）稠化剂
支撑剂颗粒沉降速度（cm/s）	16.52	10.34	8.41
5%砂比支撑剂沉降速度（cm/s）	18.39	12.21	10.19

可以看到，在液态 CO_2 中引入一定量的稠化剂和纤维，都能够降低支撑剂在不同压裂液体系中的沉降速度。在纯液态 CO_2 中支撑剂颗粒的沉降速度为 16.52cm/s，在加入 1.5%（质量分数）纤维和 2%（质量分数）稠化剂的 CO_2 压裂液体系中的沉降速度为 8.41cm/s，沉降速度显著降低。这是因为加入稠化剂后体系的黏度大幅提高，体系黏度的提高有利于提升悬砂性能。加入的稠化剂为两亲性共聚物，在液态 CO_2 中形成的网状结构对支撑剂的沉降有一定的缓冲作用。纤维扩散开形成的网状结构与稠化剂蠕虫胶束形成缠绕结构，增强了网状结构的强度，从而降低了支撑剂颗粒的沉降速度。

当支撑剂的浓度变为 5%砂比，随着在液态 CO_2 中加入稠化剂和纤维，其沉降速度同样为依次降低的趋势，从 18.39cm/s 降低到 10.19cm/s。在 3 种不同的压裂液体系中，5%砂比支撑剂的沉降速度都比单颗支撑剂的大。这是由于当支撑剂的浓度变大后，有些支撑剂在下降的过程中聚集在一起，导致整体的直径增大，下降速度更快。

支撑剂在 3 种压裂液体系中的沉降速度都远远大于在水基压裂液中的沉降速度，主要原因是 CO₂ 压裂液体系的黏度远低于水基压裂液，因此要进一步提高稠化剂的增黏效率，改善其悬砂能力，同时还需要筛选出能促进纤维扩散的添加剂。

3.1.2.3 摩阻实验

雷诺数（Reynolds number）是一种用来表征流体流动情况的无量纲数，以 Re 表示，其定义是在流体运动中惯性力对黏滞力比值的无量纲数，其计算公式为

$$Re = \rho v d / \mu \tag{3.2}$$

式中 ρ，v，μ——流体的密度、流速、黏度；

d——特征系数。

可以看出，雷诺数与流体的密度与流速成正比，与流体的黏度成反比关系。由于液态/超临界 CO₂ 密度与水相仿，但黏度远小于水，因此在井筒内相同流速下，CO₂ 的雷诺数远大于水基液体，极易达到紊流状态，增加流体流动的摩擦阻力，造成压裂泵压力损失。由前述讨论可知，当加入稠化剂后，CO₂ 的黏度大幅提升，能够显著改善其流动状态，降低摩阻。本节采用大型高参数压裂液实验回路测试加入稠化剂后对 CO₂ 压裂液的摩阻改善情况，测试系统如图 3.8 所示。测试系统包括 CO₂ 气瓶、冷却水槽、制冷机、高压柱塞泵、差压变送器、电流变压器、保温材料、压力表等。

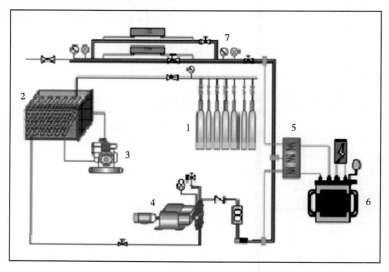

图 3.8 测试系统示意图

1—CO₂ 气瓶；2—冷却水槽；3—制冷机；4—高压柱塞泵；5—差压变送器；6—电流变压器；7—压力表

流体摩阻测试段位于实验系统上方水平部分，水平摩阻测试段由内径分别为 4mm、6mm 和 8mm 三段不锈钢管组成，以便于适应不同剪切速率下管内压降的测量。实验开始前，对整套系统循环降温，以便 CO₂ 快速液化。CO₂ 气瓶内的气体经过冷却水槽达到合适

的压力和温度，然后经过高压柱塞泵进行加压，液态 CO_2 流体以一定的剪切速率进入水平摩阻特性测量段，特定长度实验段上的摩擦压降通过差压变送器实时采集，并送入计算机显示及存储，通过一定的数据处理即完成一个工况条件下的相关性能测试。

（1）纯液态 CO_2 摩阻特性实验测试。

温度保持为 35℃，压力分别保持在 10MPa、20MPa，流速从 0.5m/s、1m/s、1.5m/s、2m/s、2.5m/s 一直升至 3m/s，不同流速下的压降值见表 3.6，其中由于实验台流量和压力限制，对于流速为 0.5m/s 的实验点，采用的是 6mm 的管径，其他流速实验点均采用 4mm 管径。

表 3.6　纯液态 CO_2 在不同压强和流速下的压降值

状态	流速（m/s）	压降（实验值）（Pa）
10MPa	0.5（6mm）	466.700
	1	2630.724
	1.5	5292.784
	2	8790.856
	2.5	13058.580
	3	17971.123
20MPa	0.5（6mm）	510.788
	1	2807.442
	1.5	5589.849
	2	9597.281
	2.5	13483.327
	3	19197.412

可以看出，同一温度下，压力较高的纯液态 CO_2 所产生的摩擦压降较大。

（2）加入稠化剂的液态 CO_2 压裂液摩阻特性实验测试。

温度保持为 35℃，压力分别保持在 10MPa、20MPa，流速从 0.5m/s、1m/s、1.5m/s、2m/s、2.5m/s 一直升至 3m/s，分别加入浓度为 0.5%、0.75% 和 1% 的稠化剂，实验结果见表 3.7。

表 3.7　加入不同浓度稠化剂的液态 CO_2 的压降值

浓度（%）	压强（MPa）	流速（m/s）	压降（实验值）（Pa）
0.50	10	1.05	1983.82
		2.11	7229.31
		2.64	10663.81
	20	1.05	1801.40
		2.11	8471.52
		2.64	12888.42

浓度（%）	压强（MPa）	流速（m/s）	压降（实验值）（Pa）
0.75	10	1.05	1844.67
		1.37	3325.16
		1.76	5165.35
		2.09	6906.40
		2.39	8937.82
		2.71	11393.92
	20	1.05	1714.41
		1.37	3256.38
		1.76	5278.48
		2.09	7567.83
		2.39	9838.48
		2.71	12865.95
1	10	1.08	2335.91
		1.22	2681.79
		1.35	3205.10
		1.57	4115.26
		1.83	5431.68
		2.39	9276.18
		2.71	12153.97
	20	1.08	1834.85
		1.22	2192.51
		1.35	2625.46
		1.57	3671.82
		1.83	5137.55
		2.39	9177.59
		2.71	12156.87

为对比稠化剂的减阻效果，分别将 10MPa 和 20MPa 下加入稠化剂的液态 CO_2 和纯液态 CO_2 不同流量对应的摩阻压降绘图（图 3.9 和图 3.10）。

由图 3.9 和图 3.10 可以发现，在实验工况下加入 0.5%（质量分数）到 1%（质量分数）的稠化剂能够显著降低 CO_2 的摩阻压降。在压强较低时（10MPa），加量从 0.5%（质量分数）提高到 1%（质量分数）降阻效果没有显著提升。压强升高至 20MPa 时，加入高浓度稠化剂后摩阻进一步降低，加入 1%（质量分数）浓度稠化剂的液态 CO_2 减阻率达 36.7%。这可能是低压条件下高浓度的稠化剂没有充分溶解导致的。在 20MPa 时，不同浓度稠化剂的液态 CO_2 的减阻率结果见表 3.8。

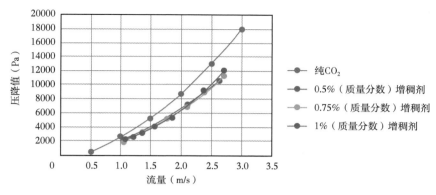

图 3.9   10MPa 不同浓度稠化剂下的压降值

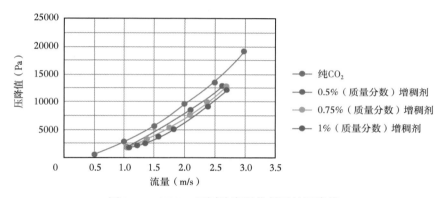

图 3.10   20MPa 不同浓度稠化剂下的压降值

表 3.8   加入不同浓度稠化剂的液态 CO_2 的减阻率 （20MPa）

浓度［%（质量分数）］	流速（m/s）	减阻率（%）
0.50	2.6	32.7
0.75	2.7	33.0
1	2.7	36.7

3.1.2.4   伤害实验

伤害前后渗透率测试参照 GB/T 29172—2012《岩心分析方法》对岩心进行切割、标记、洗油、洗盐、烘干及称量。具体实验流程如下。

（1）测量岩样的长度和直径，将岩样装入岩心夹持器。

（2）将岩心夹持器前段部连接氮气罐，中部段加围压 3MPa。

（3）在岩心夹持器末端设置气体收集装置，并计时。

（4）调节供压阀，改变岩心两端压差，测量不同压差下的渗透率值 K_1，重复步骤（3）。

（5）调节供压阀，将氮气表压力降至零。

（6）关闭气源阀，打开环压放空阀，取出岩心。

（7）将 CO_2 压裂液通过高温高压酸化流动实验仪通入岩心，然后将岩心装入岩心夹持器，按顺序重复步骤（2）至步骤（4）。得到伤害后渗透率 K_2。

实验结果见表3.9。

表 3.9 CO_2 压裂液岩心伤害结果

岩心编号	伤害前渗透率（mD）	伤害后渗透率（mD）	岩心孔隙度（%）	伤害率（%）
1#（1724~1726m）	1.267	1.290	11.94	-1.78
2#（1724~1726m）	1.843	1.774	11.64	3.89

实验结论：平均伤害率为1.06%，相比于水基压裂液伤害率通常为（30%~85%）低很多；ZCJ-01与地层具有良好的配伍性，对于敏感性地层适用性更强。

3.2 压裂支撑剂

压裂支撑剂是石油、天然气开采压裂操作过程用来支撑人工裂缝的、具有一定强度的固体颗粒。在使用过程中，把支撑剂混入压裂液中，利用高压手段注入深层岩石裂缝中形成支撑，以提高导油率，增加原油产量。

目前，除石英砂外，最常用的支撑剂是用铝矾土制造的陶粒，随着压裂技术的不断发展，石油行业对支撑剂的需求越来越大，对性能的要求也越来越高，高强度低密度支撑剂的应用也是提高石油产量的重要措施。视密度大的支撑剂容易在压裂产生的裂缝端口处产生丘状的堆积，对导流极其不利；体积密度大则会增加填充地层裂缝所需支撑剂的质量，增加压裂作业的成本。高强度低密度陶粒支撑剂的研发，不仅能够满足深井压裂的要求，而且有助于提高储层的导流能力并增产增效。

CO_2 无水压裂以液态 CO_2 作为压裂液，流体黏度低（0.1mPa·s），密度低（1.1g/cm³），携砂性能差。因此要求所用支撑剂具有较低的密度、较好的悬浮性能，满足 CO_2 无水压裂的施工需求；并且具有较低的破碎率、较高的长期导流能力，实现低渗致密油气藏的效益开发。

将目前常用的不同粒径支撑剂的各项理化指标列入表3.10中，可以看出在同一闭合压力下20~40目低密度陶粒的导流能力最好，密度也最低（1.5g/cm³），但是仍不能满足 CO_2 无水压裂施工的需求。

表 3.10 常用陶粒的各项理化指标

支撑剂类型	陶粒			
	标准	20~40目低密度陶粒	40~70目	30~50目
圆度	≥0.8	0.9	0.9	0.9
球度	≥0.8	0.9	0.9	0.9
体积密度（g/cm³）	—	1.50	1.68	1.60
视密度（g/cm³）	—	2.56	3.15	2.92
破碎率（%）	≤9.0	4.8（52MPa）	7.5（86MPa）	5.6（52MPa）

续表

支撑剂类型		陶粒			
		标准	20~40目低密度陶粒	40~70目	30~50目
浊度（FTU）（%）		≤100	84	50	69
酸溶解度（%）		≤8	7.3	6.5	6.4
导流能力（D·cm）	闭合压力6.9MPa	—	420.52	91.50	254.02
	闭合压力13.8MPa	—	374.84	82.60	211.04
	闭合压力27.6MPa	—	320.66	75.90	189.05
	闭合压力41.4MPa	—	279.01	64.50	165.70
	闭合压力55.2MPa	—	225.11	58.67	135.60
	闭合压力69.0MPa	—	—	50.03	106.87

3.2.1　支撑剂制备原理和流程

3.2.1.1　支撑剂制备原理

目前，陶粒支撑剂多采用铝矾土、高岭土和石英等为原料，添加软锰矿等添加剂制备而得。支撑剂的物相组成主要由原料中的 Al/Si 比来决定。在高温反应过程中，莫来石（制造支撑剂的原料，SiO_2 与 Al_2O_3 在一定温度下形成的结晶体）必须在温度达到 1595℃后才会析出。当有烧结助剂存在时，莫来石的析出温度有可能会大大降低。同时，SiO_2 含量增加也会有利于莫来石晶体析出，因为 SiO_2 在有杂质时，会在低于 1595℃时产生液相，促进莫来石的析晶。显然，SiO_2-Al_2O_3 二元系统经高温烧结后的物相组成取决于含 Al_2O_3的量，而支撑剂中的物相组成与其密度、强度和孔隙度等性能息息相关。因此，要制备出低密度支撑剂需严格控制 Al_2O_3 的含量。

铝矾土又称矾土或铝土矿，是一种土状矿物，主要成分是 Al_2O_3。铝矾土是由化学风化或外生作用形成的，很少有纯矿物，常含一些杂质矿物，如黏土矿物、铁矿物和碎屑重矿物等。在中国一般认为铝土矿是指含铝量达到 40% 以上的矿石，且铝硅比大于 2.5，小于此数值的矿物被称为黏土矿、铝土页岩或铝质岩。铝土矿经高温煅烧后常呈白色或灰白色（含铁时可呈褐黄或浅红色），煅烧后得到轻烧铝矾土。轻烧铝矾土密度为 3.9~4.0g/cm³，硬度为 1~3，不溶于水，能溶于氢氧化钠和硫酸溶液。研究表明使用铝矾土熟料制得的支撑剂相比铝矾土生料更能促进烧结过程的进行。

不同类型铝矾土化学组成见表 3.11。

表 3.11　铝矾土的主要化学组成　　　　　　　　单位：%（质量分数）

原料	Al_2O_3	SiO_2	Fe_2O_3	TiO_2	CaO	K_2O	MgO	其他
轻烧铝矾土	82.060	7.780	2.020	3.470	0.536	0.089	0.146	2.996
熟铝矾土	80.140	13.780	1.250	2.720	0.290	0.350	0.380	3.186

3.2.1.2　压裂支撑剂制备流程

压裂支撑剂原料一般要经过粉磨、配料、混合、造粒、筛分、干燥和煅烧等过程制备而得。

CO$_2$压裂支撑剂需要满足低密度、高强度的技术要求,因此在常规陶粒外围覆膜,可以降低陶粒密度,保证支撑剂在CO$_2$压裂液体系中的悬浮性能。低密度支撑剂制备实验流程如图3.11所示。

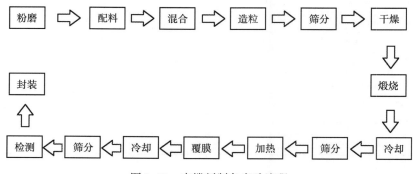

图3.11　支撑剂制备实验流程

(1) 粉磨工艺。

陶粒压裂支撑剂原料一般要经过破碎、除铁、压滤、干燥以及粉磨等过程制备而得。高峰等使用质量平均粒径分别为6.602μm和19.465μm、粒度范围分别为0.890~13.836μm和0.721~20.142μm的2种铝矾土制得支撑剂试样,其研究结果表明使用颗粒越小、粒度范围越窄的原料时,支撑剂的破碎率越低。由此可知,原料粒度对支撑剂的影响非常大,使用超细粉磨设备有助于改善压裂支撑剂的机械性能。原料的粉磨尤为关键。目前,支撑剂行业主要使用球磨机粉磨原料。球磨机是一种广泛应用于无机非金属制品生产行业的粉磨设备。气流磨常用于非金属矿物原料的超细粉碎。与球磨机相比,气流磨具有能使原料粒度更细更均匀、纯度更高、活性更大以及噪声更小等优势。

(2) 陶粒的造粒工艺。

①喷雾流化床法。

将含有陶瓷原料的水悬浮液持续雾化并且送入已被部分烘干的细小种子颗粒层中,该颗粒在干热的空气流中被液化。在种子颗粒上的水悬浮液被持续地喷射并烘干,直到获得期望的成品生颗粒直径。从颗粒层中持续地取得颗粒,并且将满足条件尺寸的颗粒与尺寸过大或过小的产品成分分开,在干燥的空气流中持续地回收材料。中国专利就是采用喷雾造粒的方法以铝土矿〔Al$_2$O$_3$含量为60%~68%(质量分数)〕和鹅卵石〔SiO$_2$含量大于90%(质量分数)〕为主要原料,以钾长石、方解石和镁砂为助烧剂,喷雾造粒后在1300~1350℃烧结0.5~2h制备出超低密度陶粒支撑剂。经测试,体积密度为1.35~1.39g/cm^3,视密度为2.55~2.60g/cm^3,40MPa闭合压力下破碎率为6.50%~8.52%。

②干混法。

将干燥的黏土和氧化铝的干粉、铝土矿或者混合物添加到高强度混合器中。陶瓷原材料被搅拌形成均匀混合物料。添加足够的水使细的初始粉尘颗粒凝固从而由粉末形成小的复合球形小丸。持续混合一定的时间,直到生颗粒达到期望的直径。干混法可使用的造粒设备主要有圆盘造粒机、强力混合机和荸荠式包衣机等。国内大部分工厂采用圆盘造粒机,而实验室主要采用强力混合机和荸荠式包衣机。

③其他方法。

中国专利公布一项多孔莫来石微球的制备方法。该发明以环境友好的水制备浆料，采用油中搅拌成球与冷冻干燥相结合的工艺技术制备出高孔隙率的多孔莫来石微球。这种方法突破了支撑剂的传统造粒方法，支撑剂的密度的控制机理不再局限于对其配方中的铝含量的控制，而可通过控制浆料固含量来调节密度。卡博陶粒有限公司公布了一种由浆滴形成的支撑剂颗粒及其使用方法。该方法是让粒状的陶瓷颗粒的浆料在振动的影响下流经喷嘴并形成小滴，球形生颗粒尺寸均匀、表面光滑。采用高岭土为原料制备出的支撑剂在69MPa 应力下测得的平均长期渗透率为173D，远超过具有相同铝土含量的工业支撑剂同等条件下的长期渗透率（85D）。此外，美国专利公开了一系列可用于陶粒支撑剂成球的方法，如结块、喷雾造粒、湿制颗粒和挤压成球等。

④烧结工艺。

焙烧设备有直径为 1.0~1.4m，长为 30~40m 的小内径回转窑，由于支撑剂球径小，要求焙烧均匀性高，只有小回转窑能满足焙烧要求。而大回转窑的径向温度分布不均匀、差异较大、热失散比较明显，且生产量较小时会由于时间短、温度差异不均匀等不利因素影响支撑剂的质量稳定，则一般不采用大回转窑。随着回转窑的转动，物料在回转窑内侧靠底层滚动，依靠窑体的倾角产生重力，重力的径向力使物料在回转窑中呈螺旋线前进，混合空气或煤气与氧气的混合气体通过烧嘴混合燃烧，窑头排风除尘吸力作用下，压缩空气或煤气与氧气的混合体在窑内形成 10m 左右的火焰，使其在窑内呈波浪状向前流动。火焰最外层为火焰的最高温度，则窑内最高温度区域为 10~15m，随物料的热交换强度不同，窑内高温区长度有明显的变化。热空气作为加热介质，其温度、还原气氛及流量的高低，对物料的升温速度和交换程度的控制有直接的影响，物料形成不同的矿物相与焙烧温度高低有直接密切的联系，从而影响产品的抗压强度。

当焙烧温度达到一定温度时，各组成间发生固相反应，开始时低熔点物质首先软化起到助烧剂作用。随着温度提高，粒径小的微粒软化，与周围微粒结合形成二元和三元化合物。各组分间结晶和再结晶形成新的物质，晶体由外向内生长，从而形成网状结构。网状结构使得微粒间孔隙率减小，则产品致密化程度提高，从而产品的抗压强度大幅度增加。在焙烧中，为得到尽可能多的莫来石和刚玉，对成球的粉料粒径、初始密度和温度高低及温度稳定性都有严格的要求。

实验室一般使用箱式电阻炉烧成，将达到圆度要求的球粒放入箱式电阻炉中进行烧结，烧结过程中严格控制烧结温度和烧结时间，根据不同电阻炉设置合适的升温速度，降温过程采取随炉自然冷却。

3.2.2 CO_2 无水压裂用支撑剂

为保障满足 CO_2 无水压裂低黏度液体悬砂的施工需求，开发低密度支撑剂，并通过覆膜技术提高其各项性能，覆膜陶粒体积密度低至 $1.33g/cm^3$，52MPa 破碎率 1.6%，-22℃冷冻 100h 后破碎率 1.9%，无板结现象（图 3.12）。各项理化指标均满足要求（表 3.12），并且成本与常规陶粒一致。

图 3.12 −22℃冷冻 100h 后覆膜陶粒

表 3.12 覆膜陶粒的各项理化指标

项　目		技术指标	实测指标范围	
			20~40 目覆膜陶粒	20~40 目陶粒
20~40 目筛析	>1180μm（%）	≤0.1	0	0
	850~425μm（%）	≥90	94	95
	>425μm（%）	≤10	0.01	0.01
	<425μm（%）	≤2	0.01	0.01
52MPa 破碎率（%）		—	1.6	17.3
69MPa 破碎率（%）		—	4.6	22.2
冷冻后 52MPa 破碎率（%）		—	1.9	—
冷冻后 69MPa 破碎率（%）		—	5.1	—
圆度		≥0.80	0.9	0.9
球度		≥0.80	0.9	0.9
酸溶解度（%）		≤8	4.3	7.6
浊度（FTU）		≤100	5	82
体积密度（g/cm³）		—	1.28	1.25
视密度（g/cm³）		—	1.98	2.33

采用长期导流实验评价，低密度覆膜陶粒在实验温度 70℃、闭合压力 40MPa、铺置浓度 5kg/m² 条件下，实验时间 5h 后导流能力趋于平稳，实验 170h 后导流能力剩余 130D·cm，较普通陶粒高 30%以上，实验后覆膜陶粒无明显胶结（图 3.13 和图 3.14），可以满足现场施工需求。

图 3.13　长期导流能力测试 170h 后覆膜陶粒

1—低密度陶粒　2—树脂覆膜砂　3—普通陶粒　4—低密度覆膜陶粒

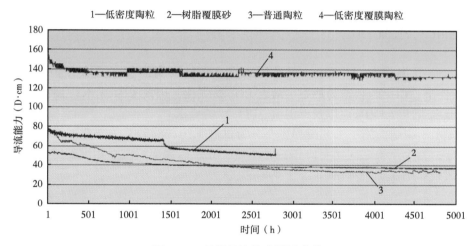

图 3.14　长期导流能力测试曲线

4 工艺与装备

工艺与装备的连续性与可靠性是保证 CO_2 无水压裂成功实施的关键技术。由于 CO_2 需要低温与高压环境维持液态，且液态 CO_2 的携砂能力与润滑性均较差，因此对工艺装备提出了更高要求[104-106]。本章分别对 CO_2 无水压裂地面工艺、施工装备及井下工艺进行介绍。

4.1 地面工艺流程

CO_2 的临界温度是 31.1℃，临界压力 7.38MPa。当温度低于 31.1℃，压力高于 0.7MPa 条件下，CO_2 的相态为液态。液态 CO_2 易气化，因此 CO_2 无水压裂需要满足全程密闭、供液端带压（3MPa）以及低温（-18℃）的要求。

CO_2 无水压裂地面施工工艺流程主要分为供液系统、混砂系统、液添系统和泵注系统共 4 个部分，各个系统之间相互协作，保证 CO_2 无水压裂连续供液和供砂的稳定性。具体地面工艺流程如图 4.1 所示。

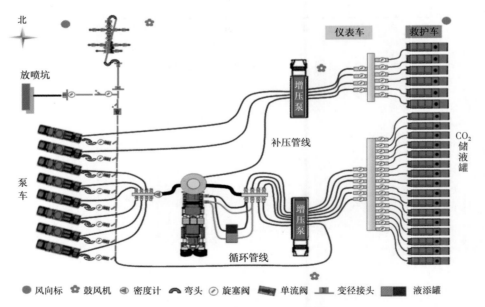

图 4.1　CO_2 无水压裂施工流程图

4.1.1　供液系统

供液系统主要由 CO_2 储液罐、平衡泵以及增压泵组成，其平稳运行是 CO_2 无水压裂施工成功的前提。液态 CO_2 利用 CO_2 储液罐与供液管线两者之间的压差向增压泵供液，其中，CO_2 储液罐之间通过平衡泵，确保容量大的储液罐与容量小的储液罐之间液位一致。施工期间，供液流程需要确保 CO_2 储液罐供液量与增压泵吸入量相匹配，增压泵吸入量与排出量相匹配，增压泵排出量与压裂泵车输出量相匹配，最终实现平稳供液。图 4.2 为吉林油田 H87-11-13 井实施 CO_2 压裂的施工曲线，可以看出，施工排量在 $5.5 \sim 5.8 \mathrm{m}^3/\mathrm{min}$，整个施工周期供液保持平稳。

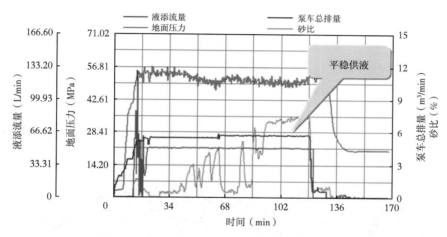

图 4.2　吉林油田 H87-11-13 井主压裂施工曲线

4.1.2　混砂系统

混砂系统主要由密闭储砂罐、补液阀门、下砂蝶阀和绞龙组成。施工前需要将支撑剂加入密闭混砂车的储砂罐中，加砂前缓慢开启密闭混砂车的补液阀门，然后依次开启加砂阀门和绞龙，按照压裂设计的砂比，将支撑剂和稠化剂加入管路中的液态 CO_2 中，手动操作到砂比稳定时，切换到自动混砂模式，直到施工结束。

4.1.3　液添系统

液添系统主要由液添泵和液添罐组成。施工时将液添罐中的稠化剂按照一定比例，利用液添泵加入主管汇中，提高压裂液体系有效黏度，满足携砂需求。

4.1.4　泵注系统

泵注系统主要由 CO_2 排出管汇和压裂泵车组成。密闭混砂罐内的支撑剂与主管汇中的液态 CO_2、稠化剂混合，经过 CO_2 排出管汇进入压裂泵车的吸入端，按照设计的施工排量，通过压裂泵车的排出端泵注到井口。

4.2 关键装备

CO$_2$ 无水压裂关键装备主要由 CO$_2$ 密闭混砂车、增压泵、压裂泵车、储液罐组成，配套了可视化管道对施工过程中砂液混合状态进行监控[107-109]。

4.2.1 CO$_2$ 密闭混砂车

CO$_2$ 密闭混砂车是 CO$_2$ 无水压裂的核心设备，将增压后的液态 CO$_2$ 与支撑剂进行混合，然后再将混合后的砂液供给压裂泵车实施 CO$_2$ 无水压裂，主要由储砂罐、混砂系统、混合管汇（排出管汇和吸入管汇）、化学添加系统、液压系统、电控系统、数采系统组成，如图 4.3 所示。混砂车技术参数见表 4.1。

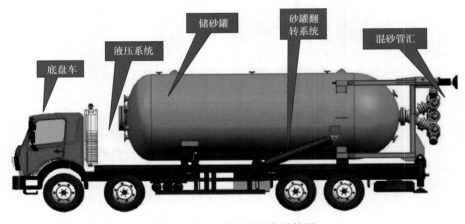

图 4.3 CO$_2$ 密闭混砂车结构图

表 4.1 CO$_2$ 密闭混砂车技术参数

技术指标	技术参数
储砂罐最大容积	27m^3
系统设计压力	3.0MPa
系统额定压力	2.5MPa
设计温度	−40℃
工作温度	−20℃
最大吸入流量	8m^3/min
最大排出流量	8m^3/min
输砂能力	1.0m^3/min
外形尺寸	1.2m×2.6m×4.4m
总重量	31t
底盘车	Mercedes-Benz Actros 4144 型

4.2.1.1 储砂罐

CO_2 密闭混砂车关键部件是储砂罐，采用立罐车载结构，设备运输过程能够使用底盘车自身的动力驱动将罐体卧倒放置在底盘车上。储砂罐为双层圆筒形结构，内筒为16MnDR 优质合金钢，外筒为 Q235B 优质碳素钢，管路采用奥氏体不锈钢制造，夹层为保温层。储砂罐设置有供操作的各种阀门。同时还设置有压力表、液位计，供观察储砂罐内压力、液面之用。

由于 CO_2 无水压裂的低温、密闭、高压、易腐蚀的特点，储砂罐要有保温措施，环境温度 20℃ 时，气化量不大于 5kg/h，罐体壁厚预留 1mm 腐蚀余量。储砂罐配置安全阀，以保障用户安全使用。

4.2.1.2 混砂系统

混砂系统主要包括 CO_2 进液口、加砂口、螺旋输送器、排出口，其中触液部分采用耐腐蚀材质制作。加砂过程中，螺旋输送器按比例将支撑剂加入主管道的液态 CO_2 中，配备自动混砂功能，实现加砂量根据设定的配比自动添加。储砂罐内的支撑剂通过重力作用进入加砂口，然后通过远程控制的阀门进入到螺旋输送器。

螺旋输送器在结构上与主管道成一夹角连接在混砂主管道上，使砂子沿着液态 CO_2 的流向加入混砂主管道中，实现实时混配。螺旋输送器通过定量液压马达驱动，依靠调节液压系统流量可实现转速调节。分别将砂子沿与主混合管路流向呈钝角的方向加入主混合管路中，经过一套混合装置进行均质化处理后经排出管汇分别供给到各压裂车。螺旋输送器驱动端配备双密封，当一处密封损坏时能够及时发现并能快速切换到第二处密封。

4.2.1.3 混合管汇

混合管汇主要由吸入管汇和排出管汇组成。两个部分分别做成单独的模块，采用耐低温、耐腐蚀承压无缝钢管制作。吸入管汇配备 6 个 4in fig206 CO_2 进液口，8in 主管道，一个吸入流量计，两个液添加入口。排出管汇配备 6 个 4in fig206 接口，一个排出流量计。密度计倾斜安装在排出管汇上，以保证能够精确测定实时的压裂液密度。

4.2.1.4 化学添加剂系统

化学添加剂系统配置液压驱动的可变速的液体化学添加剂泵送系统，添加剂通过外接化学药剂储罐添加到吸入管汇。配备化添泵 2 台，最大排出压力 7MPa，每台泵的最大清水排量为 95L/min，配置液添带压启动功能。为实现自动配比添加，每套系统需要安装高精度流量计。

4.2.1.5 液压系统

液压油缸要求具有本地控制和遥控功能，配备水平仪，能够将罐体快速调平。液压支腿带液压锁。要求配备 2 套闭式液压系统分别驱动 2 套螺旋输送器，能够通过本地和远程2 套控制系统实现螺旋输送器的启动、停止和调速控制。配备 1 套负载敏感开式液压系统分别驱动液压支腿、翻转油缸以及液添系统。

4.2.1.6 电控系统

电控系统包括本地监控和远程监控。

本地监控配置监视仪表和控制系统。监视仪表监视的数据主要包含液态 CO_2 流量、瞬时砂比、CO_2 密度、工作压力等，砂位和液位显示要求以图形方式直观显示。控制系统主要包括螺旋输送器转速控制、液添泵流量控制、发动机油门控制、下砂阀门开度控制、储砂罐排气阀控制。

远程控制配置便携式监控箱，能够对混砂车进行远程实时监控操作。具备本地控制系统的所有数据的显示和执行元件的控制功能。预留仪表车接口，能够实现与仪表车的集成，能够在仪表车内实现全部的本地监视与控制功能。

4.2.1.7　数采系统

数采系统采集混砂车排出的瞬时/累计流量、携砂液密度、支撑剂瞬时/累计流量、添加剂瞬时/累计流量、砂罐的压力/温度。数采系统可以用曲线、数据表等形式实时显示数据、回放历史数据以及打印数据。

4.2.2　增压泵

压裂施工过程中，增压泵将液态 CO_2 增压后输送到 CO_2 密闭混砂车的进液系统，再将混合后的砂液供给压裂泵车实施无水压裂，其采用橇装设计、远程控制。增压泵主要由进液管汇、排液管汇、气液分离器、增压泵、电动机、控制/监控系统及发电机组等组成。

目前市场上增压泵类型主要有气源驱动和电动机驱动 2 种，额定排量 $1 \sim 16 m^3/min$。气源驱动的增压泵工作压力范围大，选用不同型号的增压泵可以获得不同的压力区域（液体 300MPa、气体 90MPa），易于控制，满足手动和自动 2 种需求。电动机驱动的增压泵主要用于液态 CO_2 输送，保障 CO_2 始终处于液态，并通过气液分离装置将气体排出，保留液态。吉林油田 CO_2 无水压裂现场应用增压泵的属于电动机驱动类型，额定排量 $8 m^3/min$，扬程40m，工作压力2.5MPa，工作温度-40~40℃。增压泵结构和实物分别如图4.4和图4.5所示，具体设计参数见表4.2。

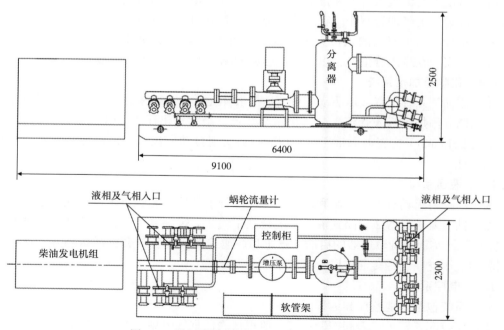

图 4.4　增压泵橇装装置结构图（单位：mm）

图 4.5　增压泵实物图

表 4.2　吉林油田 CO_2 无水压裂用增压泵技术参数

技术指标	技术参数
额定排量	$8m^3/min$
额定扬程	40m
变频范围	$5\sim100Hz$
额定功率	110kW
额定电压	380V
工作压力	2.5MPa
工作温度	$-40\sim40℃$
转速	1470r/min
尺寸（长×宽×高）	$6.4m\times2.3m\times2.5m$

4.2.3　CO_2 无水压裂泵车

常规水力压裂泵车低压吸入端不承压，为了满足 CO_2 无水压裂施工需求，吉林油田在原有常规水力压裂泵车的基础上对低压吸入端进行改造，安装了下水槽，耐压 3MPa，耐温-40℃（图 4.6）。压裂泵车其他结构与常规水力压裂泵车一致，本书不做赘述。

图 4.6　CO_2 无水压裂泵车

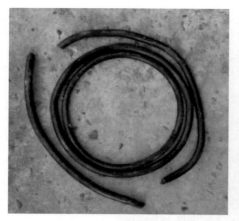

图 4.7　硅质橡胶密封圈出现断裂和膨胀现象

需要注意的是压裂泵车的密封材料。通常压裂泵车的密封胶圈材质以硅质橡胶为主，但其在液态 CO_2 和稠化剂的腐蚀作用下，容易出现断裂和膨胀现象，影响泵车正常施工，如图 4.7 所示。

为了比较不同材质密封圈的耐腐蚀情况，解决硅橡胶密封圈无法密封的问题，选取 3cm 长氟橡胶和硅橡胶各 2 段，分别将其中的 1 段置于密闭容器内，通过加压使密闭容器内的 CO_2 变为液态。3~4h 后，取出容器内的氟橡胶和硅橡胶，与未放入容器的同材质橡胶做比较，对比结果如图 4.8 所示。

可以看出，硅橡胶有明显的胀大，而氟橡胶在长度和宽度上基本没有变化。这是因为 CO_2 穿透性很强，能够渗透到硅橡胶中，长时间浸泡后便可刺漏。氟橡胶中含有氟原子，具有很好的耐酸、耐腐蚀性。

（a）氟橡胶

（b）硅橡胶

图 4.8　不同材质橡胶经液态 CO_2 浸泡后比较图

为了满足现场施工需求，进一步优选橡胶材质，还针对 3005、3006、4953、8508A 4 种型号的橡胶开展了类似实验，均发生了不同程度的膨胀现象（表 4.3）。

表 4.3　不同型号橡胶实验表

型号	初始		12h	
	长度（cm）	质量（g）	长度（cm）	质量（g）
氟	3	4.24	3.1	4.38
3005	3	0.65	3.9	1.08
3006	3	1.43	3.4	2.12
4953	3	1.52	3.7	2.6
8508A	3	0.58	3.5	0.97

因此，CO_2 无水压裂泵车橡胶密封圈宜全部采用氟橡胶材质的密封圈。压裂泵车经过上述密封性改造后，已经具备了 $2×10^4hp$❶ 施工能力。

---

❶　1hp＝745.7W。

4.2.4 CO_2 储液罐

CO_2 储液罐主要用于储存液态 CO_2，分为移动式运输罐车和固定式储液罐（图4.9）。管内壁均采用耐腐蚀涂膜，耐压3MPa，耐低温-40℃。移动式储液罐罐车容量 $15\sim30m^3$，固定式储液罐容量 $30\sim60m^3$。储液罐之间采用低压管汇（耐压3MPa）进行连接，为了保证储液罐之间液面一致，避免小容量储液罐先被抽空，各个罐体间增加平衡泵，保证互通有无，统一压力系统，确保平稳供液。同时，罐车按统一标准进行充装液态 CO_2，罐体加装压力表、液位计和卸车泵。

图4.9 液态 CO_2 移动式运输罐车和固定式储液罐

4.2.5 CO_2 无水压裂可视化管汇

为了更好地明确 CO_2 无水压裂现场试验过程中支撑剂、稠化剂以及液态 CO_2 混合状态，设计并加工了 CO_2 无水压裂可视化管汇，连接在地面施工工艺流程中。该管汇采用透明亚克力材质制造，设计管道通径200mm，玻璃段外径260mm，壁厚30mm，端面密封压垫单边压缩量5mm，耐压4MPa，耐低温-30℃。综合考虑液态 CO_2 穿透性强，易气化的特点，管道密封处采用端面压垫、YX形密封圈和三道O形密封圈，联合设计，保证可视化管道密封性能。具体设计参数如图4.10所示。

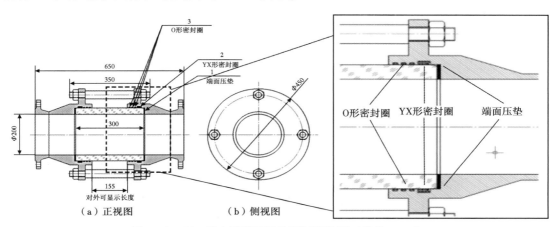

图4.10 CO_2 无水压裂可视化管汇设计图（单位：mm）

施工前对可视化管道进行室内实验,充水试压 5MPa,稳压 10min,压力不降(图 4.11)。耐腐蚀性方面,将 3 种密封件在稠化剂、石油醚中分别浸泡 24h,实验前后密封件质量基本无变化,说明耐腐蚀性良好。

图 4.11 室内水试压照片

该可视化管汇已在吉林油田 CO$_2$ 无水压裂施工中应用。压前利用液态 CO$_2$ 对低压供液端进行试压,试压 3MPa,无刺漏。施工过程中直观观察到了不同压裂阶段的流体状态。

加入稠化剂前,纯液态 CO$_2$ 在可视化管道内呈白色透明状态,类似清水流动,管道上部有少量气化的 CO$_2$(图 4.12)。

图 4.12 CO$_2$ 无水压裂可视化管道内液态 CO$_2$ 的状态

加入稠化剂后,由于稠化剂为乳白色的牛奶状,因此两者混合后在可视化管道内呈乳白色,无其他明显变化(图 4.13)。

图 4.13 CO$_2$ 无水压裂可视化管道内液态 CO$_2$ 和稠化剂混合的状态

加入稠化剂与支撑剂后，加砂阶段液态 CO_2、稠化剂和支撑剂混合，在管道内呈紊流状态，旋转式流动，未出现分层（图 4.14）。

图 4.14　CO_2 无水压裂可视化管道内液态 CO_2+稠化剂+支撑剂混合的状态

4.3　井下压裂工艺

井下压裂工艺是影响压裂增产效果的一个重要因素，应针对储层特点、井筒状况、施工设备能力，制定合理的压裂施工工艺，采取与之相适应的压裂工艺，保证压裂设计的顺利执行，达到增产效果[110-112]。

4.3.1　井下压裂管柱受力分析

CO_2 无水压裂技术主要采用 3½in 油管和套管直井单层压裂工艺，由于液态 CO_2 具有低温、腐蚀、摩擦阻力高的特点，因此优先采用套管压裂工艺，当套管钢级无法满足施工需求时，采用油管压裂工艺。

常规水力压裂和 CO_2 无水压裂油管压裂工具对比见表 4.4。

表 4.4　常规水力压裂与 CO_2 无水压裂油管压裂工具对比表

项目	常规压裂	CO_2 无水压裂
管柱钢级	J55、N80、P110	N80、P110
油管压裂封隔器	K344/Y341/Y221/Y441/Y111 等	Y221、Y341
压裂工艺管柱水平	实现不动管柱 5 层压裂	实现单层压裂
井口耐温级别	PU 或 LU	PU 或 LU
地面管线	P110 油管或 N80 油管	P110 油管或 105MPa 高压直管

CO_2 无水压裂井下压裂工具需要满足耐液态 CO_2 低温和耐腐蚀性，因此，该工具表面涂膜设计耐低温（-29℃）、耐压差（70MPa）、胶件及钢件耐 CO_2 和 H_2S 腐蚀，外径 114mm，内通径 63mm，长度 1210mm（图 4.15）。

为了确保井下压裂管柱的安全性，施工前对其压裂管柱受力进行分析，以吉林油田 H+79-31-45 井为例。该井井下管柱：3½inP110 外加厚油管（1000m）+井下压力计托筒+2⅞inP110 油管+水力锚（1300m）+2⅞inP110 油管+水力锚+Y111 高压封隔器（1570±1m）+2⅞inP110 油管 1 根+Y221 高压封隔器（1580±0.5m）+压力计托筒（1581m）+油管短节（图 4.16）。具体分析如下。

图 4.15　CO₂ 无水压裂井下压裂工具

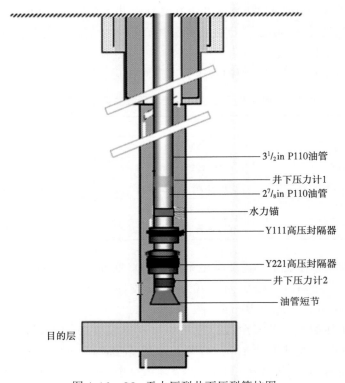

3¹/₂in P110油管

井下压力计1

2⁷/₈in P110油管

水力锚

Y111高压封隔器

Y221高压封隔器

井下压力计2

油管短节

目的层

图 4.16　CO₂ 无水压裂井下压裂管柱图

（1）油管内温度压力设定。

下管柱过程中油管内外压平衡，下管柱完毕后，油管与地面温差20℃，压裂过程中油管内外压差变化考虑极限值70MPa，压裂过程中油管温度变化考虑极限值70℃。

（2）封隔器基本参数。

Y221高压封隔器换向行程48mm，锥体卡瓦接触行程52mm，卡瓦锚定行程33mm，胶筒压缩行程73mm，坐封力80kN。Y111高压封隔器胶筒压缩行程73mm，坐封力80kN。

（3）计算结果。

①下管柱完毕后油管自重伸长0.4m，温度变化伸长0.063m。

②管柱中性点。

双封隔器管柱中性点位置为自封隔器向上1325m，即自井口向下255m。

单封隔器管柱中性点位置为自封隔器向上670m，即自井口向下830m。

③管柱坐封上提距离。

双封隔器管柱为0.98m，单封隔器管柱为0.56m。

考虑全井管柱处于压缩状态，需要对双封隔器管柱施加30kN压缩力，对单封隔器管柱施加100kN压缩力，对应的管柱压缩长度分别为0.13m和0.43m。

综合考虑各因素后，双封隔器管柱上提0.98+0.13＝1.11m，反打吊卡下压30kN；单封隔器管柱上提0.56+0.43＝0.99m，反打吊卡下压100kN。

④压裂过程中管柱强度分析。

对于全管柱强度按照极限状态，管柱一端固定，另一端自由状态时，施工过程中管柱内外压差70MPa，管柱收缩0.88m，温度降低70℃，管柱收缩0.22m，总收缩量为1.1m。

由于管柱处于两端固定状态，对应的1.1m收缩量会转化成轴向拉力252kN。对应油管的抗拉极限载荷见表4.5。

表4.5　油管抗拉极限载荷　　　　　　　　单位：kN

规格		2⅞in	3½in
N80	平式扣	478.9	721.6
	外加厚	473.3	939.9
P110	平式扣	628.5	947.1
	外加厚	621.2	1233.6

从表4.5中数据可以看出，油管的抗拉极限载荷远大于管柱变性引起的轴向拉力，管柱处于安全状态。

双水力锚之间管柱强度分析：双水力锚之间管柱长度280m，2⅞in油管，总收缩变形量为0.19m，对应的轴向拉力为160kN，管柱安全。

上水力锚至井口管柱强度分析：上水力锚至井口管柱为1000m的3½in油管+300m的2⅞in油管组合，总收缩变形量为0.91m，对应的轴向拉力为240kN，管柱安全。

⑤水力锚锚定力。

水力锚锚牙材质为42CrMo，淬火处理，单只水力锚在70MPa压力下产生的锚定力为85tf，满足要求。

利用管柱受力分析及强度校核软件模拟压裂施工过程管柱受力情况，计算结果表明：

整个施工管柱变形收缩长度最大为0.95m，管柱强度安全系数为1.334。

4.3.2　定面射孔工艺

　　由于CO$_2$压裂液黏度较低，携砂性能较差，可以通过提高施工排量来改善支撑剂铺置效果。然而，CO$_2$压裂液摩阻远高于水，进一步提高施工排量将造成额外的摩阻压力损失，增大施工难度。

　　定面射孔是解决该问题的有效途径。该技术利用大孔径射孔弹，通过控制布弹方式在套管上形成垂直于井筒轴线的应力集中面，在压裂过程中使迫使裂缝沿着应力集中面起裂和延伸的一种射孔工艺（图4.17）。该技术一方面可以控制近井裂缝方向、改善压裂改造效果，另一方面射孔后形成的大孔径孔眼可以显著降低摩阻，提高排量。

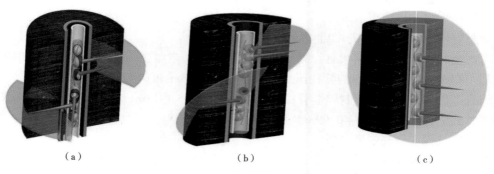

（a）　　　　　　　　　　　（b）　　　　　　　　　　　（c）

图4.17　定面射孔原理图

　　射孔器主要由射孔枪、射孔弹、弹架组件、弹托组件等组成（图4.18）。弹托组件一般有塑料弹托、焊接弹托等多种类型，通过控制弹托组件的角度，即可达到定面射角的目的。

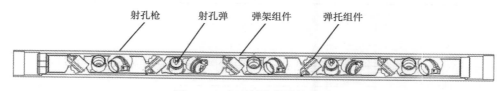

图4.18　定面射孔器结构简图

　　定面射孔器可以采用油管或钻杆、连续油管、电缆等输送方式射孔完成，既适用于直井射孔作业，又适用于水平井射孔作业。

4.3.2.1　直井油管输送定面射孔工艺

　　油管输送定面射孔管柱包括定面射孔器、起爆器、筛管、定向装置（包括定向母短节、定向公短节、锁紧弹簧、导向键、导向槽、锁定槽等）、扶正筒、陀螺仪、定位短节、油管等，具体管柱结构可根据实际射孔参数进行增减（图4.19）。如单独进行定面射孔时，不需要定向装置、陀螺仪等，管柱结构与常规油管输送射孔管柱结构一致；如需要进行定向、定射角射孔时，在常规油管输送射孔管柱的基础上，在起爆器上部接入由导向槽、锁定槽、定向母短节、扶正筒等组成的方位短节，该方位短节和定向公短节、导向槽配合实现定向公短节、导向槽配合实现定向定射角功能。

将该管柱所需各配件依次连接后下入井内，深度准确定位后，用电缆将带有导向装置的陀螺仪下入油管中进行方位角测量，根据测量结果在地面转动全井管柱调整射孔器方位，直到测量方位角与设计的目标方位角一致或在允许误差范围内后，起出仪器进行射孔点火。

该工艺主要技术特点及参数：（1）适用于 $4\frac{1}{2}\sim7$in 套管直井定面射孔；（2）最高耐温 160℃，最高耐压 105MPa；（3）定向精度小于 10°；（4）井斜小于 10°。

4.3.2.2 直井电缆输送定面射孔技术

电缆输送定面射孔管柱包括定位支撑装置、坐封装置、磁性定位器、方向测量装置、定面射孔器、电缆等，具体管柱结构可根据实际射孔参数进行增减（图 4.20）。

该工艺主要技术特点及参数：（1）适用于 $4\frac{1}{2}\sim7$in 套管直井或斜井定面射孔；（2）最高耐温 160℃，最高耐压 105MPa；（3）定向精度小于 5°；（4）井斜小于 30°。

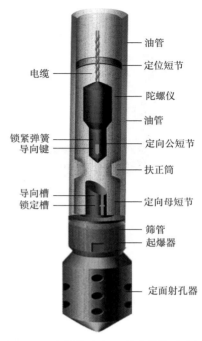

图 4.19 油管输送定面射孔管柱示意图

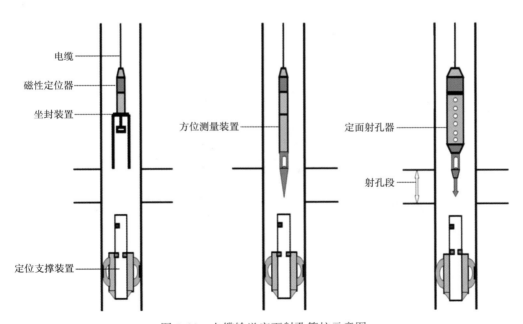

图 4.20 电缆输送定面射孔管柱示意图

4.3.2.3 水平井油管输送定面射孔技术

水平井油管输送定面射孔管柱包括扶正器、起爆装置、射孔枪、筛管、定位短油管等，具体管柱结构可根据实际射孔参数进行增减（图 4.21）。

该工艺主要技术特点及参数：（1）适用于 4½～7in 套管水平井定面射孔；（2）最高耐温 160℃，最高耐压 105MPa；（3）定向精度小于5°。

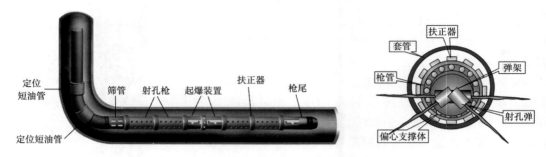

图 4.21 水平井油管输送定面射孔管柱示意图

4.3.2.4 水平井电缆输送定面射孔技术

水平井电缆输送定面射孔管柱包括桥塞、桥塞坐封工具、多套选发短节、多套定面射孔器、直通接头、磁性定位器、加重短节、打捞头等，具体管柱结构可根据实际射孔参数进行增减（图 4.22）。

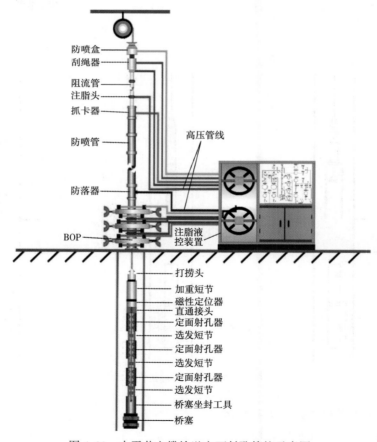

图 4.22 水平井电缆输送定面射孔管柱示意图

该工艺主要技术特点及参数：（1）适用于4½~7in套管水平井定面射孔；（2）最高耐温150℃，最高耐压105MPa；（3）定向精度小于5°；（4）一次下井可实现20级射孔作业。

4.3.2.5 连续油管输送定面射孔技术

连续油管输送射孔作业能力强，具有较强的复杂井况通过能力，因此在水平井定面射孔时也采用连续油管输送进行射孔作业，其管柱如图4.23所示。

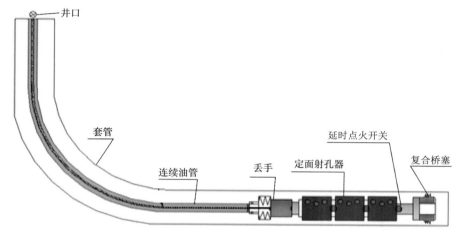

图4.23 连续油管输送定面射孔管柱示意图

连续油管输送定面射孔管柱主要包括连续油管、丢手、定面射孔器、延时点火装置、复合桥塞等，具体管柱结构可根据实际射孔参数进行增减。该管柱下井后，首先进行深度校正，调整管柱后加压起爆坐封复合桥塞，复合桥塞坐封完成后，上提射孔管柱至预定位置，再次加压起爆最下面一支定面射孔器，待射孔完成后，立即上提射孔管柱，等待延时射孔第二支、第三支等定面射孔器。

该工艺主要技术特点及参数：（1）适用于4½~7in套管水平井定面射孔；（2）最高耐温160℃，最高耐压105MPa；（3）定向精度小于5°；（4）一次下井可实现无限级射孔作业；（5）隔板延时时间10min。

4.3.3 入井管柱及工具要求

（1）井下管柱（包括压裂工具）应符合GB/T 19830—2017《石油天然气工业 油气井套管或油管用钢》和GB/T 9253.2—2017《石油天然气工业套管、油管和管线管螺纹的加工、测量和检验》标准要求，满足耐高压、耐低温、耐CO_2腐蚀、耐萃取、抗滑扣能力和密封性的要求；压裂封隔器需进行气密封试验合格。

（2）井下管柱、压裂工具、井口装置及地面高压管汇件应符合设计要求，下井前应进行检查并做好记录。

（3）冲砂、洗井、通井、刮削、验窜等作业工序应按照SY/T 5587.4—2004《常规修井作业规程 第4部分：找窜漏、封窜堵漏》、SY/T 5587.5—2018《常规修井作业规程 第5部分：井下作业井筒准备》和SY/T 5727—2014《井下作业安全规程》标准执行，确保井筒满足井下管柱下入要求。

（4）下管柱作业应按照 SY/T 5587.5—2018 标准要求平稳操作，管柱下到预定位置后，核准管柱数据、压裂工具位置。

截至 2017 年底，吉林油田 CO_2 无水压裂现场试验 19 口井，全部为直井，其中油管压裂工艺实施 7 口井，套管压裂工艺实施 12 口井，施工过程中，压裂管柱安全性良好，未出现封隔器失效、管柱掉井、井口漏失等现象。目前，吉林油田 CO_2 无水压裂工艺已经具备实现分层压裂和在水平井施工的能力。

4.4　压裂设备、井口、地面管线的摆放及相关要求

4.4.1　井场压裂设备摆放

CO_2 无水压裂设备摆放应遵循以下原则：

（1）CO_2 泵车、增压泵车和 CO_2 储罐的摆放位置应与其他设备和井口保持 15m，但不要大于 30m。如果井场较小，应尽量将 CO_2 设备摆放在离其他设备和井口较远的地方。CO_2 设备摆放区域应在下风口，且远离工作人员区域。

（2）CO_2 密闭混砂装置的安全阀出口应朝向无人员工作、无设备摆放的下风方向，远控台应远离高压区域 20m 以远，且处于上风处。

（3）所有泄压阀必须安装在管线的最低处，并处于垂直方向。不允许在没有打开管线最低处泄压阀的情况下，关闭液态 CO_2 管线两端的阀门。

（4）测风向，根据图 4.1 确定地面设备摆布，可根据井场及设备适当调整。

4.4.2　压裂井口与高压管线连接要求

（1）压裂井口技术参数：材料级别 DD 级及以上、耐压级别 70MPa 及以上、耐温级别 LU 级、性能级别 PR2、产品规范级别 PSL3G、主通径满足设计施工排量要求、双阀结构气密封井口。

（2）压裂高压管汇部件技术参数：材料级别 DD 级及以上、耐压级别 105MPa、耐温级别 LU 级、性能级别 PR2、产品规范级别 PSL3G、通径规格满足设计施工排量要求，具有气密封性。

（3）压裂井口、高压管汇部件每次使用前，应按照 GB/T 22513—2013《石油天然气工业　钻井和采油设备　井口装置和采油树》、SY/T 6270—2017《石油天然气钻采设备　固井压裂管汇的使用与维护》标准要求进行无损探伤、壁厚检测、试压、气密封等检测，检测合格方可施工使用。

（4）压裂井口应采用专用支架或采用 φ19mm（含）以上钢丝绳（缠绕井口上部，采用压盖式螺旋式地锚）四角对称绷紧锚定，确保压裂井口锚定牢固、受控。

（5）放喷管线使用与安装应符合 Q/SY 1553—2012《中国石油天然气集团公司石油与天然气井下作业井控技术规范》标准要求，管线（硬质）长度不小于 75m，安装在下风方向，朝向避开施工区域，放喷管线出口距各种设施距离不小于 50m，特殊情况需改变走向应按照 SY/T 5727 标准要求转向角度不小于 120°。

（6）放喷管线锚定应符合 SY/T 5727—2014 标准要求，每间隔 10m 和放喷出口处采用

压盖式螺旋式地锚锚定，锚入深度不小于1.5m。

（7）放喷管线与放喷接液装置之间应安装不少于2个放喷阀（油管压裂井应预留安装压力指示装置的接口，便于放喷过程中录取压力值），出口处配置放喷接液装置（容积不小于30m³）。

（8）压裂主管线（泵车后车液力端与压裂井口之间）每间隔5m和地面高压弯头处应采用压盖式螺旋式地锚锚定，锚入深度不小于1.5m，并采用高强度绳索逐一串联绑定，避免管线断裂飞出。

（9）管线螺纹连接应使用耐低温密封脂（耐温等级不低于-45℃），确保各连接部位不渗不漏。

（10）法兰式套管头，应采取钢圈和BT密封方式连接；螺纹式套管头，应采用P110套管短节连接，螺纹连接应使用耐低温密封脂（耐温等级不低于-45℃）。

（11）套管应安装压力指示装置。

5 压裂设计

压裂设计是压裂技术的核心，目的是根据储层条件设计匹配的人工裂缝形态和现实性的施工方案，从而在储层中压出所需要的裂缝。由于无水压裂流体特性、施工工艺与装备工具的特殊性，其压裂设计理念和方法与常规水力压裂有显著区别。本章分别从选井选层方法、水力裂缝优化、水力裂缝模拟、压后管理设计等方面介绍 CO_2 无水压裂的压裂设计方法。

5.1 选井选层原则

选好、选准压裂目的井层是 CO_2 压裂工作的起点，决定了后续一切压裂施工参数设计、优化、运行和压后评价。在 1.1.4 节中初步讨论了 CO_2 无水压裂适用的地质条件。本节基于现有 CO_2 稠化降阻技术条件，在大量室内实验与现场工程应用实践的基础上，总结了以下选井选层原则。

（1）选定的改造目的层必须具有一定的可采储量，这是增产的物质基础。需要综合评定孔隙度、渗透率、含油饱和度以及储层的有效厚度等储层物性参数，重复压裂储层需要考虑本井的注采受效情况，水驱优势方向以及裂缝导流能力的变化，确定合理的重复改造时间，并且需要判断是否有物质基础。

吉林油田伏 245 井采用 $3\frac{1}{2}$in 油管常规水力压裂，全井总液量 868m³，加砂量 69m³，压后无产能。同一储层采用 CO_2 无水压裂，总液量 646m³，加砂量 13.5m³，压后同样无产能。同一层位采用不同的压裂技术，压后均无产能，可见，储层改造增产的前提是物质基础。

（2） CO_2 无水压裂在致密油藏中的低含水储层试验效果最好。该类储层渗透率小于 1mD，含水在 30%~40%，若地层含水高，则钙离子、镁离子较多， CO_2 进入该类储层后，与地层水形成碳酸，在 pH 值大于 4 时，易与钙离子、镁离子发生化学反应，形成沉淀物，堵塞裂缝，不利于 CO_2 无水压裂改造。目前， CO_2 无水压裂针对此类致密油藏现场试验 11 口井，其中 8 口井施工后对比常规重复压裂日增油 1 倍以上。

（3）选定的改造目的层地层压力系数小于 0.95（以实测地层压力与原始地层压力比值来表示）。在低渗透、低压油气藏改造中，特别是地层压力系数小于 1 的低压气藏，水基压裂施工结束后把压裂液举升至地面存在困难，增加地层伤害。液态 CO_2 进入储层后，在储层温度和压力下， CO_2 的相态由液态变化为气态，据测算，1m³ 液态 CO_2 可以气化为 500~700m³ 气态 CO_2，增加地层能量。H87-22-4 井施工注入液态 CO_2 573m³ 将地层压力由原始 22.11MPa 提高到 24.39MPa；H87-11-1 井水力压裂，滑溜水液量 1508m³ 将地层压力由原始 22.05MPa 提高到 25.26MPa；单位液量液态 CO_2 提高地层压力幅度为滑溜水的 1.9 倍。

（4）CO_2 无水压裂适用于敏感性强储层以及稠油储层。CO_2 压裂无水相，能够有效抑制储层黏土矿物运移和膨胀，消除水敏和水锁伤害，不会造成残渣伤害。CO_2 与地层水反应生成碳酸，饱和碳酸水 pH 值为 3.3~3.7，可减少黏土矿物膨胀。一般 pH 值在 4.5~5.0以下时，黏土矿物膨胀被减小，降低水敏伤害。

对于高黏油储层，当 CO_2 饱和于一种原油后可使其原油黏度大幅度降低，且原油黏度越高其黏度百分比降得越多。选取吉林油田不同区块原油样品进行 CO_2 溶解实验，原油黏度降低 45%~63%（表 5.1）。黏度的降低改善了油水流度比，提高油相渗透率，大大增加了原油流动性。

表 5.1　吉林油田不同区块原油黏度实验

油样来源	地层压力（MPa）	地层温度（℃）	CO_2 溶解度[%（摩尔分数）]	体积膨胀倍数（倍）	黏度降低幅度（%）
H87	21.20	101.6	48.30	1.23	56.70
H59	24.20	98.9	63.96	1.47	63.20
H79	23.11	97.3	63.58	1.41	59.62

（5）鉴于增稠剂对于提高液态 CO_2 增黏幅度有限，建议选用中浅储层进行试验。随着深度的增加，液态 CO_2 在储层温度和压力的作用下，由液态变为超临界态。在超临界状态下，纯 CO_2 有效黏度仅为 0.01~0.1mPa·s，加入 1% 稠化剂后有效黏度仅为 0.2~0.4mPa·s（管流法），携砂性能差，摩阻较高。截至 2019 年底，吉林油田 CO_2 无水压裂现场试验目的层最深为 2950m。

5.2　单井裂缝参数优化

以吉林油田 H87-9 区块为例，介绍 CO_2 无水压裂设计方法。

5.2.1　H87-9 区块地质概况

H87-9 区块和 H87-7 区块位于松辽盆地南部中央坳陷区红岗阶地、向斜鞍部向西抬升的斜坡部位，构造单一，油藏类型为岩性油藏。开发的主要目的层位为扶余油层和葡萄花油层，局部有高台子油层。扶余油层平均钻遇砂岩厚度 35m，钻遇有效厚度 12m，有效厚度内孔隙度一般为 4%~13%、平均 11.97%，渗透率一般为 0.02~6.0mD、平均 0.2mD，为低孔隙度、超低渗透储层；高台子油层平均钻遇砂岩厚度 10m，钻遇有效厚度 2.8m，有效厚度内平均渗透率 2.39mD，平均孔隙度 11.99%，为低孔隙度、特低渗透储层；葡萄花油层平均钻遇砂岩厚度 12m，钻遇有效厚度 3.4m，借鉴大 42-1 井取心资料，平均渗透率 4.61mD，平均孔隙度 15.2%，为低孔隙度、特低渗透储层。

该区泉四段原油性质较好，原油性质平面上和纵向上变化不大。泉四段地面原油密度为 0.8226~0.8532g/cm³，性质较好，平均为 0.8363g/cm³；地面原油黏度（50℃），一般为 5~61.1mPa·s，平均为 14.76mPa·s；含蜡量平均为 29.7%，含胶质平均为 8.3%，含沥青质平均为 0.69%，含硫量平均为 0.02%，蜡熔点平均为 50.8℃，凝固点平均为 36℃，初馏点平均为 118℃。

地层原油密度为 0.716～0.7638g/cm³，平均为 0.7367g/cm³；地层原油黏度为 1.44～1.95mPa·s，平均为 1.76mPa·s，饱和压力 11.128MPa，体积系数 1.2578，单次脱气气油比 56.316m³/m³。

5.2.2 地质模型的建立

储层地质模型是油藏描述的核心，是储层特征及其非均质性在三维空间上变化和分布的表征，尤其在油气田的开发阶段，建立定量的储层三维地质模型是进行油气田开发分析的基础，也是储层研究由定性向定量化发展的集中体现。储层地质建模实际上就是建立储层参数的三维空间分布模型。

储层地质建模为三维建模，应遵循从点—面—体的建模程序，即首先建立以岩性划分为主的一维单井模型，其次建立二维储层格架模型，包括各种小层平面图、沉积相剖面图等，然后在建立三维储层结构模型（构造模型与沉积相带模型）的基础上，建立储层各种参数的三维分布模型。三维地质建模流程（图5.1）。

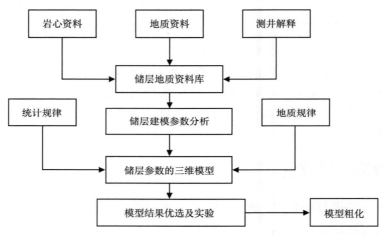

图 5.1　三维地质建模流程图

上述建模程序体现了两步法建模策略，即在建立储层结构模型的基础上，首先建立砂体骨架模型，然后再建立储层参数模型，通常包括以下五个主要环节：

（1）数据准备：坐标数据、小层数据和分层数据；

（2）建立储层结构模型；

（3）建立储层沉积相模型；

（4）建立储层属性参数模型；

（5）要将储层地质模型用于油藏数值模拟，应对其进行粗化。

以 H87-9 区块为例，研究区面积 4.45km²，如图5.2所示。

5.2.2.1 基础数据准备

控制储量区地质模型的建立可使用 PETREL 软件完成。在建模中涉及的主要基础数据包括井位坐标、补心海拔、分层数据和小层数据（孔隙度、渗透率、饱和度、有效厚度等）。为了便于数据管理，可分别建立研究区块内 40 口井（井数越多建模越准确）的坐标

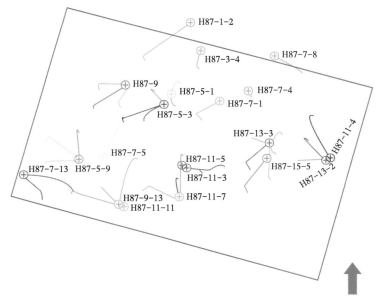

图 5.2　研究工区范围

数据库、小层数据库和分层数据库。

（1）坐标数据库。

①井头文件：将井号、井坐标、补心海拔和井深整理成 Petrel 软件所需要的形式（表 5.2），最后加载到 Petrel 中，其 2D 模型如图 5.3 所示。

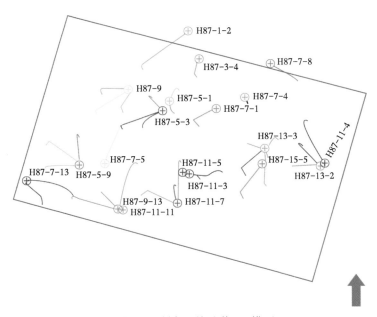

图 5.3　研究区块油井 2D 模型

表 5.2 井头文件数据整理

井号（JH）	横坐标（X）	纵坐标（Y）	补心海拔（BXHB）	测深（MD）
H87-1-2	××××××	×××××××	151.64	135.49
H87-1-3	×××××××	××××××	152.21	142.21
⋮	⋮	⋮	⋮	⋮

②井轨迹文件：包含测深（DEPTH）、井斜角（INCL）、方位角（AZIM）3项。根据现场提供的数据，对每口井钻井轨迹数据进行整理，提取出适用于建模的数据，其数据格式见表 5.3，井轨迹 3D 图如图 5.4 所示。

表 5.3 井轨迹文件格式（以区块内某井前 10 行为例）

测深（MD） （m）	井斜角（INCL） （°）	方位角（AZIM） （°）
0	0.63	174.94
20	0.5	167.18
25	0.5	158.9
30	0.49	165.28
35	0.47	164.52
40	0.44	163.48
45	0.41	163.88
50	0.38	160.51
⋮	⋮	⋮

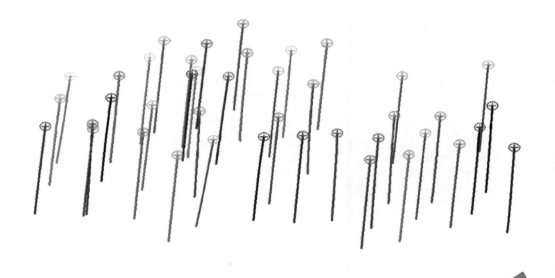

图 5.4 研究区块油井井轨迹 3D 图

（2）小层数据库。

储层数据为测井解释数据，其包含深度、孔隙度、渗透率、含油饱和度、净毛比（净毛比＝砂岩总厚度/地层厚度）。在获取以上数据时，要以每口井的名称为文件名，测井解释数据格式见表5.4。小层数据加载完成之后，得到的各个数据的信息如图5.5至图5.7所示。

表 5.4   测井解释数据文件格式（以某井为例）

深度（m）	渗透率（mD）	孔隙度（%）	饱和度（%）
2185	0.247	9.019	63.90
2185.125	0.458	10.419	69.00
2185.25	0.544	10.808	66.20
2185.375	0.536	10.774	60.00
2185.5	0.539	10.786	56.20
2185.625	0.612	11.076	53.90
2185.75	0.717	11.435	55.80
2185.875	0.748	11.529	59.30
2186	0.878	11.892	62.40

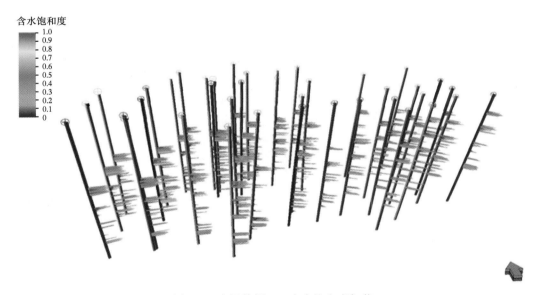

图 5.5   小层数据——含水饱和度加载

（3）分层数据库。

目标层位 S-P 油层，共计 26 个小层。井越多各个层位点通过插值而得到的层面就越精细。图5.8 为部分井的分层数据点。

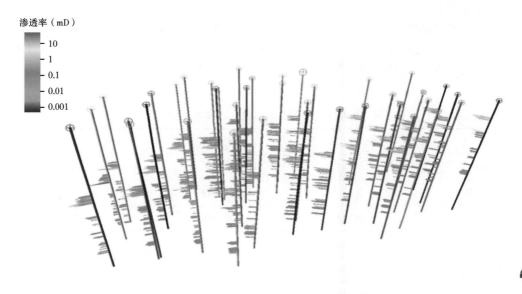

图 5.6　小层数据——渗透率加载

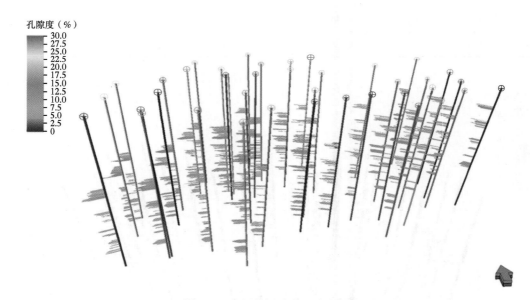

图 5.7　小层数据——孔隙度加载

5.2.2.2　建立构造模型

（1）精细网格设计。

三维网格化是建立基于分层和断层的三维网格框架，为后续的层面模型提供理想的三维网格。不同的网格类型、网格尺寸、网格定向、网格规模对模型模拟结果的精度及可靠性都会产生很大的影响。因此，要保证模拟计算结果的正确性与合理性，确定一套合理的网格系统是模拟研究的前提。

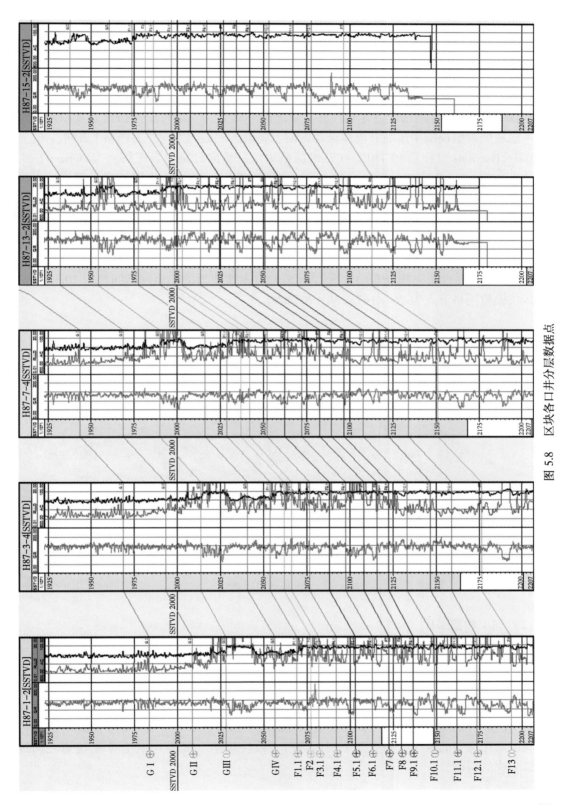

图 5.8 区块各口井分层数据点

角点网格是一种新型的网格类型，它用不规则六面体的八个顶点坐标描述离散网格的空间位置。由于角点网格的网格线可以是任意走向，因而可以精确描述气藏的几何形状及地质特征，尤其是构造起伏变化大、断层发育的复杂气藏，软件 PETREL 满足这样的网格条件。网格大小的确定要考虑目前的井网密度、地震的道间距、火山体的横向延伸长度和宽度以及数模能够计算的精度。

Pillar Gridding 3D 网格建立是软件核心系统的一部分，采用角点网格建立复杂地质模型。考虑后期数值模拟中压裂井流体流动方向，将最大主应力方向作为网格 I 方向。

Make Horizons 过程是 PETREL 在三维网格中定义垂向分割。当把层面（Horizon）引入到 Pillar Gridding 生成的一系列的 Pillar 中，所有的 Pillar 和层面之间的交点变成了三维网格的节点，通过 Make horizons 建立的地质层面。

为了控制地质体的形态，应根据工区的实际地质情况及井网密度设计合适的网格。考虑到区块实际情况，东西向边界宽度为 2640m，南北边界长度为 1670m。在建模过程中，将平面网格间距分为 10m，垂向上各层根据有效厚度共划分 160 层，这样可以在垂向上反映出地质分层和物性的空间分布的情况（图 5.9）。本次建模的平面网格间距为 10m×10m，故该区块模拟网格节点为 264×167×160＝7054080。

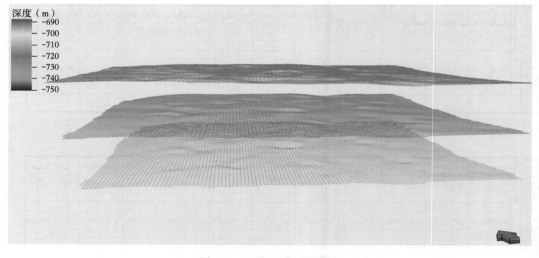

图 5.9　三维地质网格模型

（2）储层构造层面。

选择研究区面积 4.45km²，将上述 40 口井 26 个小层所对应的分层数据进行插值后形成（表 5.5）。模型中充分考虑了层间矛盾，将扶余油层组 4 个砂组顶面独立成层，然后分别计算各个砂组内部小层地层厚度，以此为约束建立砂组小层层面模型。

最后对地层框架模型整体进行井校正和层面一致性调整。井校正即是将层面根据井点值在给出的影响范围内进行校正，以保留局部的微小构造；层面一致性调整即是考虑有可能出现层面相交等的情况，而对整个层面进行一致性调整。图 5.10 为各个层位点之间进行插值形成的层面。

表 5.5 地质模型模拟层号与实际地层对应表

模拟层号	实际小层号	模拟层号	实际小层号
1	G I	14	F6.1
2	G II	15	F6.2
3	G III	16	F7
4	G IV	17	F8
5	F1.1	18	F9.1
6	F1.2	19	F9.2
7	F2	20	F10.1
8	F3.1	21	F10.2
9	F3.2	22	F10.3
10	F4.1	23	F11.1
11	F4.2	24	F11.2
12	F5.1	25	F12.1
13	F5.2	26	F12.2

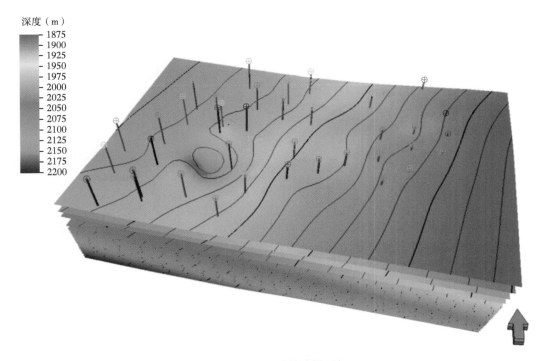

图 5.10 三维构造模型架

　　网格质量可以通过建立网格高度、网格体积等几何属性来检查，本次建立网格高度较均匀，在 1.25m 左右，且模型没有负网格体积，初步认为模型质量合格（图 5.11 和图 5.12）。

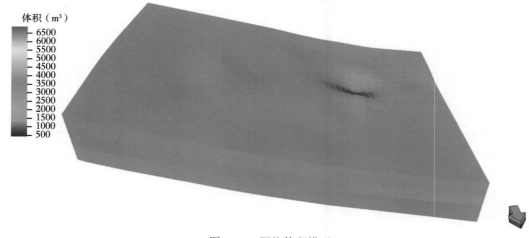

图 5.11　网格体积模型

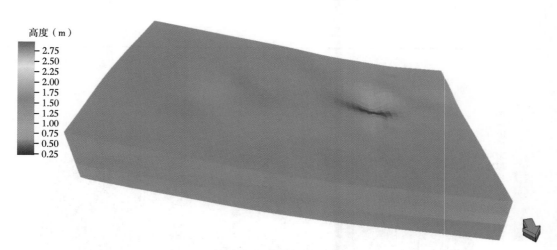

图 5.12　网格高度模型

层位模型质量控制包括井分层与层面模型的吻合度、构造形态与构造图的吻合度、层面接触关系的正确性等，最终要达到描述纵向模拟单元的层位与地质研究成果一致、层位之间接触关系合理。质量检查表明：最终建立的三维层面模型能够准确反映气藏的构造格架，它不仅能反映断层及各小层的总体形态，而且能对各层构造的细微变化做出精确的定量描述，能够定量描述气藏外部几何形态，准确地描述出各层之间的接触关系（图 5.13 和图 5.14）。

5.2.2.3　储层物性模型

储层物性模型主要涉及孔隙度、渗透率、含水饱和度 3 个的物性参数值，而这些物性参数在储层中是连续的，为了使每个网格单元对于每一种物性都得到一个单一的值，需要对网格经行离散化。将所得的孔隙度、渗透率、饱和度、有效厚度等数据赋予构造模型中的网格单元中，使模型中的每个网格都有岩石物理学意义，从而使模型更加接近于地下的实际情况。该类算法主要有算术平均法和几何平均法。算术平均法适用于数据变化不是很

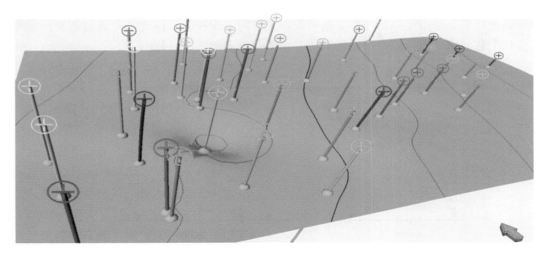

图 5.13 层面模型与地质分层吻合

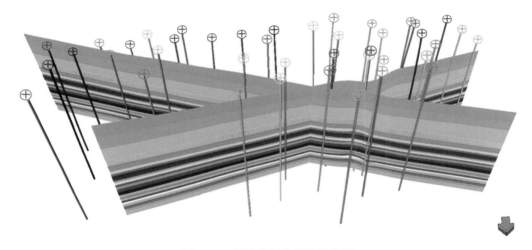

图 5.14 层位接触关系质量分析

大的连续属性数据；几何平均法适用于数据变化范围较大的属性数据。因此一般孔隙度、有效厚度采用算术平均法，渗透率和饱和度采用几何平均法。

采用序贯高斯模拟方法，通过克里金函数，建立孔隙度、饱和度数据场，将孔隙度作为协变量约束建立渗透率模型。而地质数据统计与分析至关重要。

地质建模的基本思路是研究已钻井所揭示的地质规律，并分析钻井揭示的地质规律反映研究区的整体地质规律的程度，然后再辅以整体的地质概念进行补充，最终建立合理的三维模型。因此进行地质数据统计并加以分析，是地质模型建立的基础。

变差函数是地质统计学特有的基本工具，它既能描述区域化变量的空间结构性，也能描述其随机性，是进行随机模拟的基础。进行变程函数分析时，首先需要根据地质情况，分析储层的展布规律确定主变程方向，并确定主变程、次变程、垂向变程，通过对离散化后数据的分析，以展示数据三维分布的空间各向异性。

变差函数的类型有球型、指数型、高斯型，本节主要采用球型变差函数类型（图 5.15）。参数的选择主要是指定原始样本变差函数各个方向的变程，具体方法是通过调整搜索半径和步长个数，然后拟合原始数据得到变差函数在该方向上的变程。

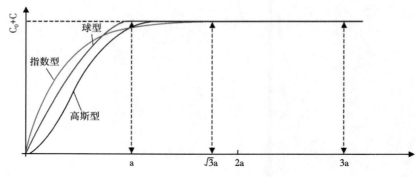

图 5.15　变差函数类型

渗透率模型反映流体在储层中的渗透能力，关系着油藏流体的运移，对于油藏的开发评价具有决定性的作用。一般可以采用序贯高斯模拟方法，通过克里金函数，以孔隙度模型做双重约束，构建渗透率模型。

孔隙度模型反映储层流体的孔隙体积分布，一般孔隙度的主变程方向与河道展布方向一致，采用序贯高斯模拟方法计算出孔隙度模型。

含水饱和度模型反映流体在储层有效孔隙中的充填情况。含水饱和度模型的建立对油藏的开发井网的调整具有重要的指导意义。用孔隙度模型和渗透率模型共同约束，采用序贯高斯模拟的方法构建出含油饱和度模型。

根据油层有效厚度划分的物性标准（渗透率大于 0.05mD），建立有效厚度模型；提取小层有效厚度平面图，与物性模型关系符合较好。

扶余油层组 I 砂组 F1.2 号小层孔隙度均值 4.59%，渗透率 0.1mD，饱和度 23.0%，有效厚度平均值为 1.94m（图 5.16 至图 5.19）。

图 5.16　F1.2 小层孔隙度模型

渗透率（mD）

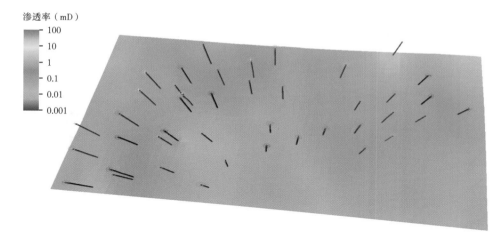

图 5.17　F1.2 小层渗透率模型

含油饱和度（%）

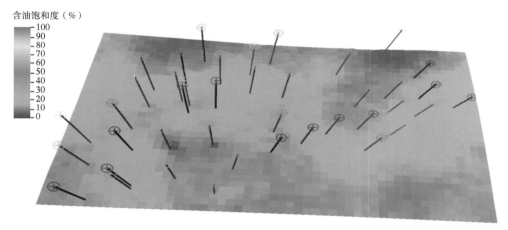

图 5.18　F1.2 小层含油饱和度模型

有效厚度（m）

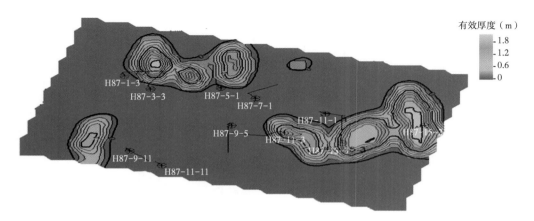

图 5.19　F1.2 小层有效厚度平面分布图

扶余油层组 Ⅱ 砂组 F5.2 号小层孔隙度均值 3.14%，渗透率 0.001mD，饱和度 14.4%，有效厚度平均值为 1.11m（图 5.20 至图 5.23）。

图 5.20　F5.2 小层孔隙度模型

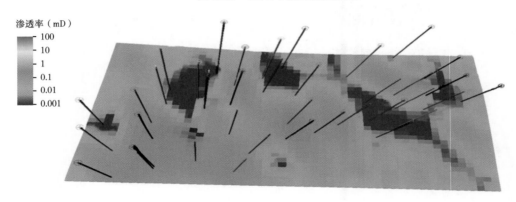

图 5.21　F5.2 小层渗透率模型

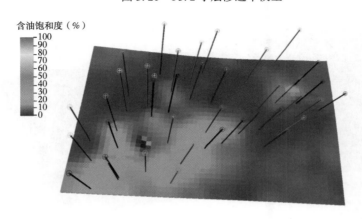

图 5.22　F5.2 小层含油饱和度模型

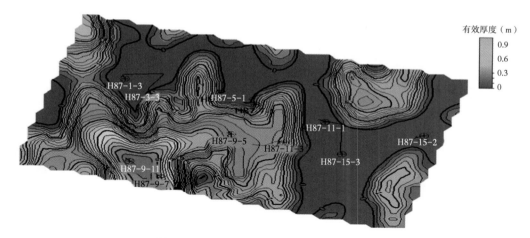

图 5.23 F5.2 小层有效厚度平面分布图

扶余油层组Ⅲ砂组 F9.1 号小层孔隙度均值 3.62%，渗透率 0.04mD，饱和度 21.3%，有效厚度平均值为 1.10m（图 5.24 至图 5.27）。

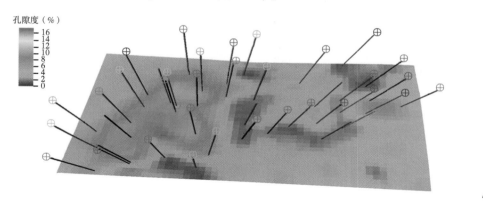

图 5.24 F9.1 小层孔隙度模型

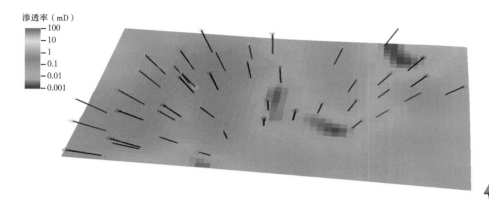

图 5.25 F9.1 小层渗透率模型

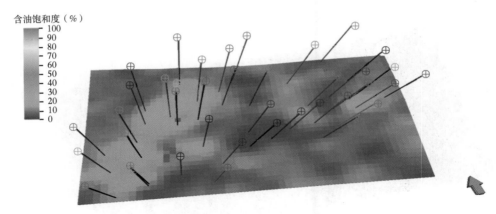

图 5.26　F9.1 小层含油饱和度模型

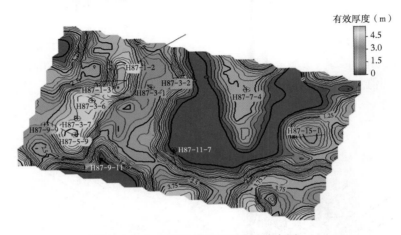

图 5.27　F9.1 小层有效厚度平面分布图

　　扶余油层组 Ⅳ 砂组 F12.1 号小层孔隙度均值 4.57%，渗透率 0.075mD，饱和度 23.6%，有效厚度平均值为 4.19m（图 5.28 至图 5.31）。

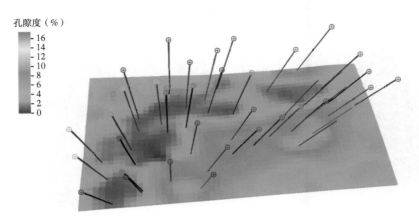

图 5.28　F12.1 小层孔隙度模型

图 5.29　F12.1 小层渗透率模型

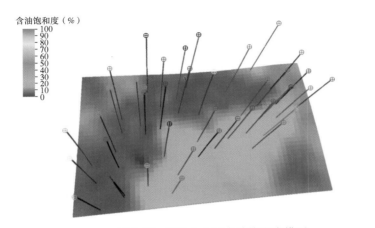

图 5.30　F12.1 小层含油饱和度模型

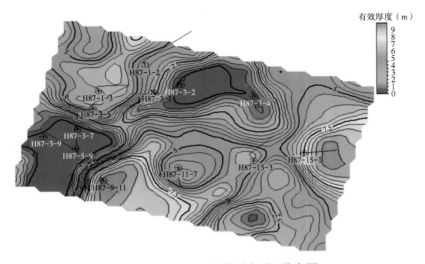

图 5.31　F12.1 小层有效厚度平面分布图

5.2.2.4 计算地层储量

通过给定 Contacts、Net/Gross、Porosity、So 等参数就可以求取各个层储量的计算结果，结果见表 5.6 和表 5.7。

表 5.6 各小层地质储量

层系	储量（m³）	储量（10⁴t）	含油饱和度	渗透率（mD）	孔隙度（%）	有效厚度（m）
扶余	1780705	136.05	0.071	0.035	5.146	30.77
F1.1	176862	13.51	0.231	0.09	5.071	3.23
F1.2	147223	11.25	0.121	0.07	5.778	1.944
F2	17645	1.35	0.101	0.02	3.750	0.814
F3.1	614	0.05	0.053	0.01	0.000	0.068
F3.2	19	0.00	0.009	0.001	0.000	0.002
F4.1	5320	0.41	0.069	0.02	3.000	0.305
F4.2	80301	6.13	0.169	0.03	6.167	1.285
F5.1	37483	2.86	0.101	0.03	4.400	1.117
F5.2	93107	7.11	0.158	0.03	5.800	1.105
F6.1	107263	8.19	0.181	0.06	4.556	2.073
F6.2	118766	9.07	0.204	0.05	4.600	2.152
F7	26649	2.04	0.048	0.04	5.200	1.138
F8	122836	9.38	0.211	0.02	4.727	2.526
F9.1	133860	10.23	0.213	0.04	5.444	1.926
F9.2	6716	0.51	0.048	0.02	5.000	0.297
F10.1	455	0.03	0.019	0.01	0.000	0.056
F10.2	90758	6.93	0.181	0.05	5.375	1.826
F10.3	61465	4.70	0.174	0.04	3.875	1.84
F11.1	64482	4.93	0.137	0.03	4.333	1.42
F11.2	33029	2.52	0.089	0.02	5.667	1.089
F12.1	441121	33.70	0.236	0.07	6.526	4.189
F12.2	14730	1.13	0.071	0.02	3.750	1.004

注：储量（10⁴t）＝储量（m³）×0.764/10000。

表 5.7 各个层系组地质储量

层系	储量（m³）	储量（10⁴t）
扶余油层	1780705	136.05
FⅠ	427984	32.70
FⅡ	506104	38.67
FⅢ	293254	22.40
FⅣ	553362	42.38

5.2.2.5 粗化及导出

由于 Petrel 地质建模软件采用 10m 网格间距建出来的模型通常具有上千万个网络节点，而目前数值模拟软件处理网络节点的上限为百万级，因此模型如果不经过粗化，无法在单机版的油藏数值模拟软件上运行，因此，通常需要对精细油藏模型进行粗化减少网格数量，同时又采用数据控制，使得粗化的网格参数与精细油藏模型中的网格参数保持一致，保留储层的沉积相等地质构造，油藏局部的孔隙度、渗透率等岩石物性特征，以及饱和度等流体分布特征。

模型粗化是使细网格的精细地质模型"转化"为粗网格模型的过程。在这一过程中，用一系列等效的粗网格去"替代"精细模型中的细网格，并使等效网格模型能反映原模型的地质特征及流动响应。主要对孔隙度、渗透率、含油饱和度、有效厚度 4 个参数进行了粗化。针对各个压裂井以及数值模拟的需要，在平面上采用 50m 间距的网格进行粗化，纵向上将保持网格步长不变，粗化时利用分层数据进行质量控制，层与层之间根据层序走向和地质特征设定网格走向，使之符合真实地质层序。

进行网格粗化之后，需要将粗化后的各个属性导出，导出的文件需要适用于数值模拟软件，Petrel 自带导出文件格式 Rescue format（ * . * ），该文件适用于数值模拟软件 Eclipse。

5.2.3 压裂数值模拟

H87 区块油藏原油为黑油流体，但由于要注入 CO_2 作为蓄能压裂液，需要考虑 CO_2 与原油体系间的相态变化和混相特征，因此需采用 Eclipse 模拟器中的组分模块 E300 进行模拟计算。组分模拟器与黑油模拟器的区别在于组分模型把组分的状态处理为多相，油气组分之间通过气液平衡实现相间的传质，其属性不仅取决于压力，而且与气液两相的组成有关。

数值模拟采用 Eclipse 软件，其前处理包括开发动态数据库接口、模拟网格自动剖分与编辑、网格插值与充填、断层设置与归位、无效节点设置、缺省流体模型库等；模拟计算系统中包括死节点自动消除、预处理共轭梯度算法、产量项的压力隐式、泡点压力跟踪（二次饱和）、自动时间步长选择和物质平衡检验等；后处理系统包括油藏平面动态显示、等值线、油藏生产动态综合图表、油藏单层生产动态综合图表、油藏平面分区生产动态综合图表、单井注采动态图表等。

5.2.3.1 数据收集及整理

（1）模拟工作的基本信息。

采用 Eclipse 软件的组分模型进行数值模拟。模型采用米制单位制，模拟起始时间为第一口井的投产时间。模型的网格数量为 264×167×160，平面和垂向上网格步长均为 50m，网格类型为笛卡尔坐标系下的角点网格，油藏流体类型为油气水三相。根据测井解释数据，确定目标区块油田油藏厚度、孔隙度、渗透率、净毛比等数据。

（2）流体 PVT 及岩石属性数据。

H87-9 区块的相对渗透率曲线、PVT 物性参数及初始化参数场的相关数据如下：

①H87-9 区块的原始地层压力为 20.2MPa，原始含水饱和度 37.8%，初始含水饱和度场选用地质建模结果。

②采用规格化处理后的相对渗透率曲线作为 H87-9 区块油藏数值模拟的基础数据（图 5.32）。在这个过程中要确保相对渗透率曲线尽可能平滑，这样在后期计算过程中不会产生过多的收敛性问题。

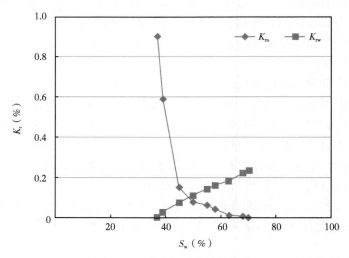

图 5.32　油水相对渗透率曲线

③流体的 PVT 属性包括油、气、水密度，流体的地层体积系数、黏度随压力变化曲线，溶解气油比随压力的变化，水的黏度和压缩系数以及岩石的压缩系数等，基本数据详见表 5.8。模拟中要考虑 CO_2 与原油的相互作用，因此用状态方程表示原油的组成。PVT 数据见表 5.8 和图 5.33。

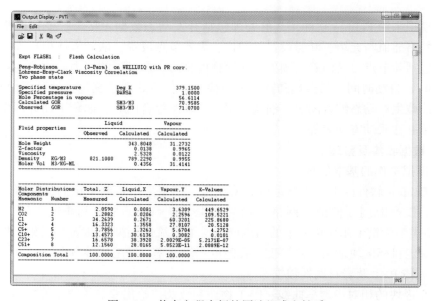

图 5.33　状态方程表征的原油组成和性质

表 5.8   流体相关物性参数

参数项	参数值
地层原油饱和压力（MPa）	13.02
地层原油黏度（mPa·s）	1.44
地层原油体积系数	1.2967
单次脱气气油比（m³/m³）	71.07
地层原油密度（g/cm³）	0.7248
地层原油膨胀系数	9.33×10^{-4}

④岩石压缩性见表 5.9。

表 5.9   岩石压缩系数

参考压力（MPa）	岩石压缩系数（MPa⁻¹）
20.20	0.000127

（3）油藏分区参数。

对于所模拟的油层如果横向或纵向流体属性、岩性变化比较大，或者存在不同的油水界面，此时需要对模型进行 PVT 分区（不同区域用不同的 PVT 流体参数表）、岩石分区（不同区域用不同的相对渗透率曲线和毛细管压力曲线）或者平衡分区（不同平衡区用不同的油水界面）等。鉴于目标区块岩性变化不大、物性相对均匀，故本次模拟不考虑油藏分区。

（4）油藏模型初始化。

油藏模型初始化计算即计算油藏模型的初始饱和度、压力和气油比的分布，从而得到油藏模型的初始储量。模拟系统利用其重力-毛细管压力平衡条件的功能，根据输入的平衡参数表（参考压力、参考深度、油水界面深度）及饱和度参数表，自动将油藏初始化。这部分需要输入模型参考深度、参考深度下处对应的初始压力、油水界面和油气界面以及气油比或饱和压力随深度的变化。

（5）输出控制参数。

控制软件计算时输出我们想要的结果参数。在此次模拟过程中需要输出全区及单井的累计产油量和日产油量变化曲线、压力变化曲线、含水变化曲线及采出程度等。

（6）生产参数。

由于区块选择的井组为新开发区块，工区内 34 口生产井的生产历史不长，投产数据不多。分别以天为单位提取各井从投产开始之后的压力、产量、含水的生产动态数据，收集、整理区块内各井的生产动态资料（包括动态投产数据、射孔数据、分层数据、属性、网格数据以及在地质模型中得到的井轨迹数据等）。通过 Eclipse 数值模拟软件的 Schedule 模块，将整理好的这些数据进行处理，形成动态数据流，为后续进行历史拟合工作做准备。

5.2.3.2   局部网格加密法模拟裂缝

模拟压裂的方法通常有渗透率修正法、局部网格加密法、PEBI 网格加密法、表皮系数法、等效半径法等，各个方法均有优缺点，详见表5.10。为了更好地分析井筒及裂缝区域的渗流场变化情况，同时减少非研究区域的网格数量、避免模型出现过多的收敛性问题，综合考虑多项因素，采用局部网格加密来模拟裂缝，并通过修改近井地带加密网格的渗透率、传导率等，来达到模拟裂缝的效果。运用局部网格加密技术可以减少多余加密网格块的计算量和模型的计算时间，也能反映出裂缝附近渗流场变化情况。

表 5.10　不同方法模拟压裂裂缝优缺点对比

方法	优点	缺点
渗透率修正法	将裂缝和基质（地层）作为同一渗流体系，在油藏中裂缝视为一条具有高渗透特性的网格带	在实际的压裂过程中，随着生产的不断进行，裂缝会出现一定程度的闭合，随之导流能力会降低，但在实际的模型中考虑不到裂缝随时间的闭合情况
局部网格加密法	有效分析井筒及裂缝区域的渗流场变化情况，同时减少非研究区域的网格数量，减少多余加密网格块的计算量和模型的计算时间	裂缝的条数和方位等特性很难表现出来
PEBI网格加密法	主要适用较为精细的研究和分析人工裂缝，具有较好的灵活性和正交性，并且降低了网格取向效应对模拟结果的影响	网格结构复杂，对于井数较少的情况，计算同样很长，处理极为麻烦，并且极不易收敛

局部网格加密旨在对井所在的裂缝区域网格进行细化，近似反映出裂缝几何参数、渗透率等特性。

5.2.3.3　历史拟合

建立区块的组分数值模拟模型，模型平面网格步长为50m，纵向上按照沉积单元粗化，共分为26个模拟层，属性模型包括孔隙度、渗透率、饱和度3个模型，高压物性采用H87-7井的PVT性质，并对已有的相对渗透率曲线进行了归一化，通过以上设置，确保了组分模拟模型能够表征研究区域的地质特征、流体特征和开发特征。

历史拟合是预测开发动态指标的前提和依据，通过对模型历史拟合可实现对油井的生产动态数据模拟计算的一致性，对储层物性参数做进一步评价与确定。由于目标区块油井是先压裂后投产，所以没有压裂前的生产数据进行对比和历史拟合。目标区块34口生产井，投产起始时间是2014年9月，以此为节点数值模拟采用的工作制度是定液量，拟合指标包括累计产油量和含水率。

（1）产量拟合。

在产量拟合中应充分考虑措施及尽可能地利用地层测试资料。Eclipse数值模拟软件的Schedule模块具有强大的生产动态数据前处理功能，能充分考虑到油田开发生产中的各种措施，包括补孔、封堵、关井、开井等。因为本次历史拟合采取的是定液量工作制度，所以产量拟合效果很好。全区的模拟累计产油量拟合相对误差为3.07%，单井日产油拟合相对误差为4.12%（单井日产油拟合以H87-1-2井为例），全区产油量精度符合在85%以上，总体拟合效果很好，拟合精度达到了工程要求（图5.34和图5.35）。

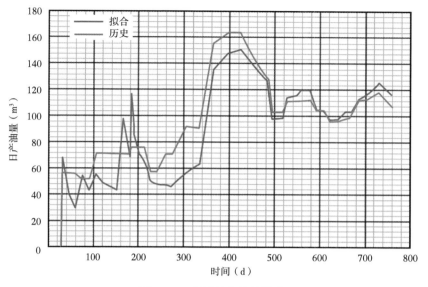

图 5.34　全区日产油量拟合

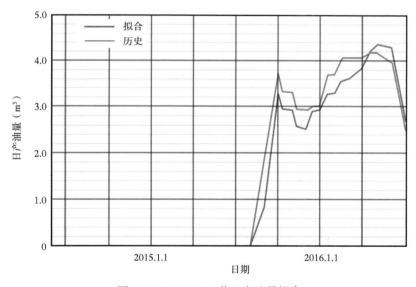

图 5.35　H87-1-2 井日产油量拟合

（2）含水率拟合。

含水率拟合首先是拟合整个油田的含水率，其走势与实际走势基本一致。单井含水率经反复调整，采油井含水率与实际含水率走势基本一致。试验区全区实际综合含水率为49.88%，计算综合含水率53.79%，绝对误差为3.91%（图5.36）。平均单井含水率误差小于5%，单井含水率精度符合率在85%以上，部分单井含水率拟合（以 H87-1-2 井为例）（图5.37）。

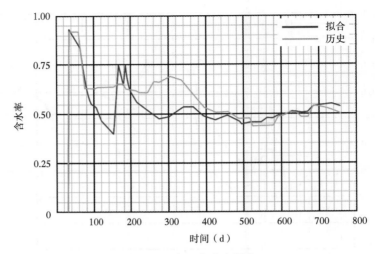

图 5.36　全区含水率拟合

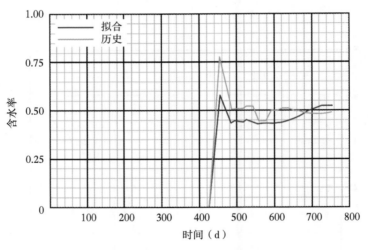

图 5.37　H87-1-2 井含水率拟合

5.2.4　裂缝参数优化

　　区块以反九点井网形式开发，根据研究区域平均地质属性和井网形式，建立理想模型，以先单井、后井网再到实际区块研究的方式研究压裂参数对开发效果的影响。

　　无论是水力压裂还是 CO_2 无水蓄能压裂，裂缝的形态都不能直接的通过网格描述出来。通过调研室内岩心实验认为 CO_2 蓄能压裂后，裂缝形态应该是主裂缝与次生裂缝共存的形式（图 5.38）。因此设计裂缝时要考虑主裂缝与次生裂缝的特征，优化压裂参数。

5.2.4.1　裂缝半长优化

　　区块平均孔隙度 0.12，平均渗透率 0.2mD，以此为基本参数。相态模型采用 H87-7 井拟合结果，建立单井理想模型，模型网格尺寸 10m×10m，按照等值渗流阻力方法，假

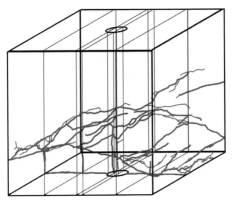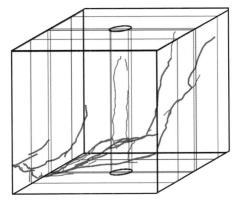

图 5.38　CO_2 压裂压裂岩样可视图

设主裂缝和次裂缝导流能力均为 30mD，导流能力 30D·cm，主裂缝半缝长分别为 70m、90m、110m、130m、150m，次裂缝半缝长 15m，次裂缝缝间距 10m，以 $2m^3/min$ 速度注入 $400m^3$ CO_2，对比不同方案压裂缝半长对波及面积的影响。

从图 5.39 可以看出，相同注入量下，不同半缝长模型井底附近均能保持较高的压力，半缝长越长，CO_2 向地层流入的能力越强，近井地带地层压力稍低。

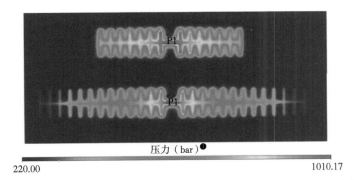

图 5.39　主裂缝长度 70m 和主裂缝长度 130m 注入 CO_2 压裂液后压力分布

保持主裂缝缝长，次生裂缝缝长和导流能力不变，改变次生裂缝的间距，对比裂缝间距不同时，压力场分布特征。

从图 5.40 可以看出：次生裂缝间距越小，表示次生裂缝越多，压裂后形成缝网的规模越大，压力波及面积越大；次生裂缝间距大，主裂缝相同位置处压力稍高，原因在于次生裂缝会纵向扩大 CO_2 的波及面积，降低了在主裂缝方向的扩散效应。

压裂后各方案均采用闷井到压力降低到混相压力附近时开井生产的工作方式进行预测，对比累计产油量指标。

主裂缝越长累计产油量越高，增加幅度基本呈线性变化（图 5.41）；次生裂缝间距越

❶　1bar＝0.1MPa。

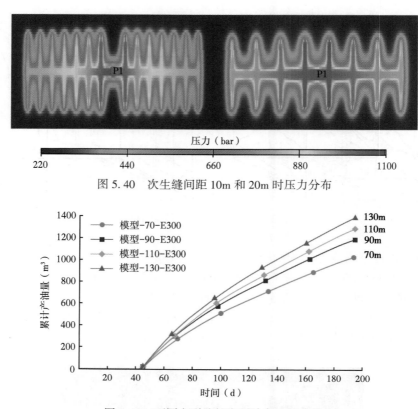

图 5.40　次生缝间距 10m 和 20m 时压力分布

图 5.41　不同主裂缝长度累计产油量曲线

大，累计产油量越低（图 5.42）。单井分析的角度认为主裂缝越长越好，次生裂缝越多越好，缝网规模越大，开发效果越好。

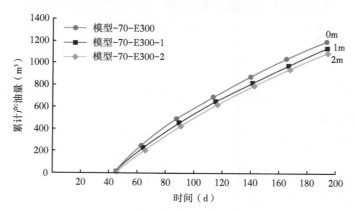

图 5.42　不同次裂缝间距累计产油量曲线

5.2.4.2　导流能力优化

在不改变缝长和缝间距的条件下，导流能力在 10~50D·cm 间变化，预测不同导流能力下产量（图 5.43）。

从图5.43可以看出：相同注入量条件下，导流能力小，注入CO_2在井底附近聚集，压力波及面积小；导流能力大，CO_2沿着裂缝流入地层能力强。同样采用闷井到压力降到混相压力的方式生产，对比不同导流能力下累计产油量变化情况。

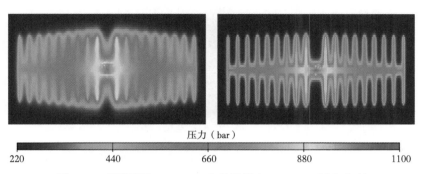

图5.43　导流能力30D·cm和导流能力10D·cm压力分布

从图5.44可以看出，导流能力大的方案累计产量较高，储层流动性的增强更有利于产量的提升，但从不同导流能力累计产量结果来看，累计产量并不是随着导流能力的增大而线性的增加，当导流能力超过30D·cm时累计产量增加幅度减缓。

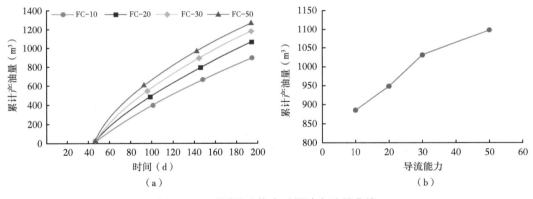

图5.44　不同导流能力时累计产油量曲线

从单井角度分析，压裂改造规模越大即主裂缝越长，次生裂缝越多，产量越高；裂缝导流能力增加，累计产量增加，但增加幅度变缓，单井分析导流能力在30D·cm左右比较合适。

5.3　单井压裂优化设计

5.3.1　液量的优化

按照理想模型优化的结果，设计裂缝主缝长160m，导流能力30D·cm，注入量在200~1000m³变化，排量2m³/min，其他工作制度相同，以单井产量最优为目标优选较合理的注入量（图5.45和图5.46）。

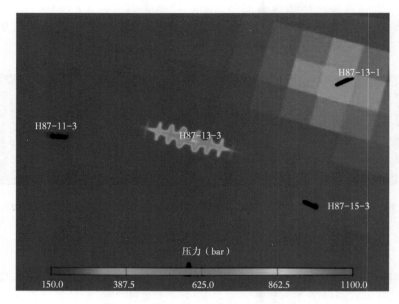

图 5.45   注入量 200m^3 时压力场变化

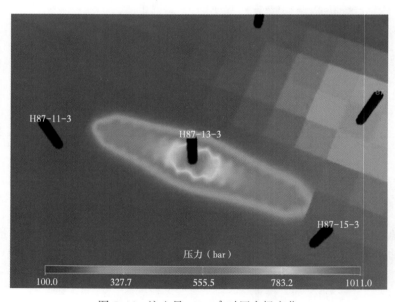

图 5.46   注入量 1000m^3 时压力场变化

对比闷井后地层压力变化，注入量越大，地层压力保持水平越高，注入量大于 600m^3 时，地层压力在混相压力 27.45MPa 以上，随着注入量的增大，地层压力增加幅度逐渐变小（图 5.47）。

对比生产 150d 后的累计产油量，随着 CO_2 压裂液注入量的增加累计产油逐渐增加，增加幅度稍有减缓（图 5.48）。

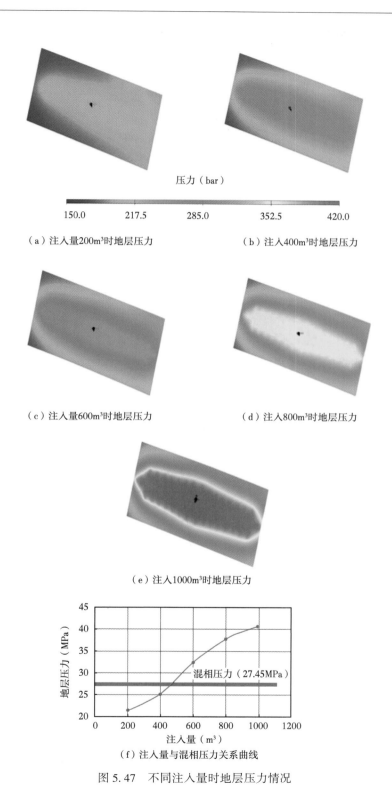

压力（bar）

150.0　　217.5　　285.0　　352.5　　420.0

（a）注入量200m³时地层压力　　　　　（b）注入400m³时地层压力

（c）注入量600m³时地层压力　　　　　（d）注入800m³时地层压力

（e）注入1000m³时地层压力

混相压力（27.45MPa）

（f）注入量与混相压力关系曲线

图5.47 不同注入量时地层压力情况

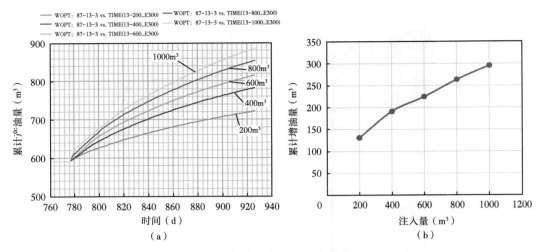

（a）　　　　　　　　　　　　　（b）

图 5.48　不同注入量与累计产油量对比

5.3.2　排量优化

选择注入量 $600m^3$，排量在 $2 \sim 8m^3/min$ 变化，其他工作制度不变，优选合理的排量（图 5.49 和图 5.50）。

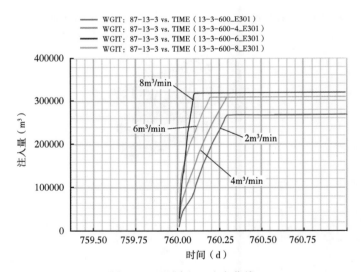

图 5.49　不同注入速度曲线

排量小于 $6m^3/min$ 时，排量越大达到相同注入量时间越短，排量 $8m^3/min$ 的时间反而要比 $6m^3/min$ 的方案长（图 5.49）；对比累计产油量，排量 $6m^3/min$ 和排量 $8m^3/min$ 的方案累计产油量比其他两个方案小（图 5.50），认为合理的排量在 $4m^3/min$ 左右。

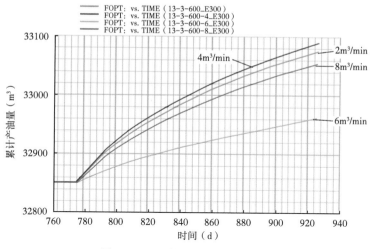

图 5.50　不同排量累计产油曲线

5.4　压后管理

5.4.1　压后关井时间和放喷制度

CO_2无水压裂施工完成后，为保证增能改造效果，需进行关井使地层能量得到充分交换补充，实现原油与CO_2充分混相，关井时间为井底温度恢复到原始地层温度的时间与井底压力扩散至低于原油CO_2混相压力时间两者最大值，确保原油混相面积最大（表 5.11）。

表 5.11　吉林油田不同区块储层原油最小混相压力

序号	油田	层位	取样井号	取样层位	储层温度（℃）	原始地层压力（MPa）	最小混相压力（MPa）	确定方法	混相类型
1			H59-11-3	青一段 7、青一段 9、青一段 12	98.9	24.2	22.3	实验测定	混相
2			H79-29-41	青一段 1、青一段 2	97.3	23.11	22.1	实验测定	混相
3			H79-1-2	青一段 2、青一段 7、青一段 8、青一段 11、青一段 12	97.3	23.11	27.5	实验测定	非混相
4	大情字井	高台子	H89 区块（配样）	G7/12/14/15	81	18.6	27.6	实验测定	非混相
5			Q45-23	青一段 7、青一段 9、青一段 12	97.8	23.9	27.2	实验测定	非混相
6			H96-7-2（配样）		92.7	24.1	27.5	实验测定	非混相
7			H79-23-17	青一段 2	94.7	22.5	21.6	实验测定	混相
8			Q30-20	青一段 9、青一段 12、青一段 14、青一段 15	96.7	23.9	23.79	实验测定	混相

序号	油田	层位	取样井号	取样层位	储层温度（℃）	原始地层压力（MPa）	最小混相压力（MPa）	确定方法	混相类型
9	长春	双阳	C10		84	18.9	16.5	实验测定	混相
10	莫里青	双阳	Y59-13-17	双阳组二段（双二段）	102	27	26.1	实验测定	混相
11	乾安	高台子	Q+22-10（配样）	青三段	76	18.5	20.2	实验测定	近混相
12	海坨子	扶杨	H115-13-9	F2、F5、F6、F7	63~85	19.83	22.51	实验测定	近混相
13	海坨子	萨尔图	HS+3-03（配样）	姚二加三段1号	59	13.84	23.08	实验测定	非混相
14	大安	扶杨	H75-29-5	F9、F10、F11	96	22.5	27.45	实验测定	非混相
15	新立	扶杨	X228	F2、F6、F8	66	12.4	21	实验测定	非混相
16	大老爷府	高台子、扶余	L15-9	G2、G3、G4、G5、G7、G8、F6、F7+8	63.25	12.7	21.83	实验测定	非混相
17	新民	扶杨			65	12.4	19.51	软件计算	非混相
18	孤店	扶余			77	16.6	21.48	软件计算	非混相
19	两井	扶余			80	16.4	22.33	软件计算	非混相
20	红岗	高台子			64	13.78	20.87	软件计算	非混相
21	新庙	扶杨			75	14.5	22.17	软件计算	非混相
22	双坨子	高台子			45	8.5	13.3	软件计算	非混相
23	红岗	萨尔图			55	12.01	18.8	软件计算	非混相
24	英台八面台	高台子			90	15.5	24.58	软件计算	非混相
25	木头	扶杨			40.5	6.75	15.6	软件计算	非混相
26	四五家子	农安			31	5.38	13.6	软件计算	非混相
27	扶余	扶杨			32	4.32	11.7	软件计算	非混相

H87-22-4井压后压后关井为33h，井底温度恢复至地层温度。压后井底压力大于最小混相压力（27.45MPa）的时间为10300min，约7.15d，此刻混相带面积最大，即最佳放喷时机（图5.51）。

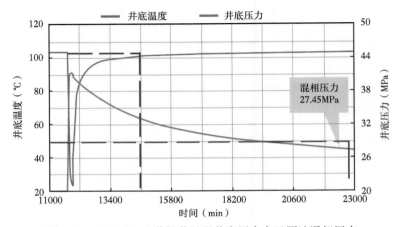

图5.51 H87-22-4井闷井过程井底压力大于原油混相压力

关井结束后，按照压裂设计规格的放喷油嘴控制，连续放喷排液（气井可选用采用三相分离器放喷排液），井底气化后温度不得低于原油析蜡温度。以 H87 区块 F 油层为例，析蜡温度为 50.8℃、地层原始温度 103℃，确定合理的油嘴尺寸（表 5.12）。

表 5.12 H87 区块 F 油层不同井口压力对应的油嘴尺寸

井口压力（MPa）	油嘴尺寸（mm）	计算井底温度（℃）
2	敞口	62.58
4	11	66.51
6	9	54.57
8	7	56.91
10	5	58.33

5.4.2 压后管理制度

放喷排液过程中应计量返排液量，并适时检测返排液性能，放喷箱距离井口要求大于 70m，返排期间不得随意关井。井口及放喷出口配备排风扇，保证返排 CO_2 气体及时扩散；CO_2 易造成人畜窒息，放喷施工过程中，配备相应气体检测仪，应严密监测施工设备运行状况及井场周围 CO_2 浓度情况，防止 CO_2 泄漏等造成人畜窒息等情况发生。放喷过程注意保温措施，防止放喷过程 CO_2 形成干冰。

5.4.3 压后投产要求

排液结束后，投产作业按照 SY/T 5727—2014、SY/T 5587.5—2018 标准相关要求执行。投产井下管柱（参考）由下至上顺序为井下压力计托筒（可选）+花管+旋转气锚+防腐耐磨泵+生产油管。

5.4.4 资料录取要求

录取参数包括生产（放喷）时间、油压、套压、产液量、产油量、产水量、产气量、含水率、动液面、功图解释、油样、水样、气样分析、关键作业工序描述。

资料录取要求：（1）投产后 3 个月内每天测一次动液面。（2）2d 进行一次油样和水样分析化验。（3）一周进行 2 次气样分析化验。

6 施工应急措施与管理

无水压裂地面阶段需要全程保持高压和低温状态以维持 CO_2 液态，在此状态下 CO_2 物性对环境较为敏感，同时具有较强的穿透性和腐蚀性，影响施工的稳定性，施工人员存在低温冻伤与窒息的风险。本章系统总结了施工过程中可能存在的风险及相应处理方案，对保证施工顺利具有重要意义。

6.1 CO_2 泄漏应急措施

CO_2 在使用（运输）过程中，如果操作不慎或部件损坏，容易引起泄漏，对空气造成污染，对人体造成伤害。因此，在使用、运输过程中必须做好防泄漏工作。CO_2 泄漏主要是运输过程中的罐泄漏或施工过程中的管线及阀门泄漏，根据不同情况，采取不同的应急措施。

（1）运输过程中的罐泄漏。运输过程中 CO_2 储存在运输罐内，易发生泄漏的部位为阀门，一旦发生泄漏，应将车开至空旷地带，远离人群，并戴好防窒息、防冻伤保护用具，进行维修或更换。

（2）施工过程中的泄漏。在使用过程中 CO_2 通过地面管线、增压泵、压裂泵车等注入井内，易发生泄漏部位为地面管线及阀门，如果上述部位发生泄漏，应立即停止施工，关闭总阀门和井口阀门；启动现场鼓风机吹散 CO_2，要立即疏散人员至上风头空旷地带，工作人员戴好防窒息、防冻伤保护用具，进行零部件更换或维修，情况严重时上报安全环保部门组织医护队进行紧急救护。

6.2 地面流程中有气相存在的应急措施

在施工过程中，CO_2 罐内及泵组前后的地面流程中由于温度变化和管线节流，可能使流程中 CO_2 液体出现气化现象，易导致注入压力出现波动。因此要随时保证泵组至井口的地面流程中 CO_2 为纯液体状态。

一旦出现意外，应根据具体情况采取不同的应急措施。

（1）泵组至罐车流程中出现气化现象。泵组前流程中罐车和泵前固定储罐中一般会有部分气相存在，这时必须将罐车和泵前固定储罐的气相连接打开，当罐内压力超过 250psi❶ 时，可打开气相流程的放空阀门，当压力稳定后，检测固定储罐液面达到要求高度，关闭气相放空阀门。

---

❶ 1psi＝0.00689MPa。

（2）泵组至井口流程中出现气化现象。泵组至井口的地面管线中在一定情况下也会出现气化现象，导致注入压力波动，此时必须关闭井口阀门，打开地面管线放空阀门，将地面管线重新冷却后继续施工。

（3）注意事项。地面流程必须严格按设计进行连接，施工前，必须将泵组及地面管线全部冷却。

6.3　井内出现 CO_2 气顶的应急措施

CO_2 在注入初期，受井底温度影响或中途停泵后在井内易产生气相，特别是在停泵时间较长时，井筒内产生大量 CO_2 气体，导致注入压力波动较大。因此，在施工中要尽量避免中途停泵。

在施工初期如果出现少量气相产生微弱气顶，此时要检查确认地面管线的锚定情况是否良好，避免波动造成管线脱扣或断裂；在压力不超过套管允许最高承压情况下不要停泵，可采取小排量继续注入，一段时间后即可正常注入。如果施工中由于意外原因导致中途停泵而产生气顶，此时可打开井口阀门放空，卸掉部分井内压力后继续小排量注入，一段时间后即可正常注入。

6.4　注入压力升高的应急措施

在 CO_2 压裂施工过程中，目的层炮眼堵塞、吸液能力不好及砂堵等都可能导致注入压力升高，应采取以下应急措施。

（1）炮眼堵塞造成注入压力升高。在初期注入时如果注入量微小，压力急剧上升，则可能是炮眼和近井地带堵塞、地层吸液能力不好。此时，可将井筒注满液态 CO_2，关井 1h 后继续注入。

（2）地层砂堵造成注入压力升高。注入后期如果注入压力出现急剧上升，则可能是地层砂堵，要及时通知现场指挥小组，由小组根据实际注入量决定是否继续注入。

6.5　密闭混砂车异常情况应急处理措施

（1）施工时砂子加不进主管道。①开闭几次罐底蝶阀。②通过支撑剂预冷管汇向罐内通入液态 CO_2。

（2）罐内液位低。打开支撑剂预冷管汇，打开罐顶流量调节阀，向罐内补液，使液位稳定直至满足要求。

（3）罐内无液体。打开支撑剂预冷管汇，打开罐顶流量调节阀，向罐内补充液体直至满足要求，再恢复到正常状态。

（4）放气调压阀或液位阀不可以作为行车安全阀使用。当该阀门没有外接气源压力时，其处于常闭的状态，如果罐内充装了大量的液态 CO_2 而需要长时间放置时，必须通过其他排气方式维持罐内的压力，万万不可在没有持续的外部供气的情况下通过设定该阀开启压力的方式保持罐压。

（5）冷罐过程是整个 CO_2 施工中最危险的一个环节，冷罐过程中操作者必须时刻监视罐内压力的变化，冷罐排气阀的起跳压力为 1.75MPa，关闭压力为 1.65MPa。但是该冷罐排气阀的通断又是通过冷罐关断球阀经过控制系统自动控制的，一般设定该球阀的开启压力为 2.0MPa，关闭压力为 1.8MPa，也就是说，冷罐过程中，罐内的压力维持在 1.8～2.0MPa。如果一旦发生冷罐关断球阀的控制失灵情况，应该立即按照如下步骤操作。

①第一时间通知槽车操作者马上停止向储砂罐内充液。

②当罐压升高到 2.4MPa 时，安全阀会打开排气，如果此时罐压开始下降，则危险解除，接下来排查故障；如果在安全阀开启的情况下罐压还在继续升高，当升高到接近 2.9MPa 时，应当毫不犹豫地开启其他阀门排气，可供开启的阀门包括 2 个加砂球阀（电控气）、气相阀门（手动）、液相阀门（手动）、吸入和排出集管橇上的各放气阀门。

（6）冷罐排气阀的设计排气量能够满足冷罐 CO_2 的液态流量 1000L/min。但是为安全起见，要求冷罐过程槽车的充液流量维持在 250L/min 以下，冷罐及加液时间约为 1h 左右。即便如此，冷罐排气阀的排气量也能够达到约 150 m³/min，所以冷罐过程中排气噪声非常大，需要佩戴好劳保用品，以免造成噪声伤害。

6.6 施工应急处理技术与管理

吉林油田建立了 CO_2 无水压裂安全控制流程、编制风险预案、配套防护措施及技术手段，实现重点工区无人值守连续作业。

主要形成了 CO_2 压裂指导书、工程设计、操作规程和安全评估报告等书面材料；防护措施包括鼓风机、有氧呼吸器、风向标等；安全评估报告包括风险点识别、安全处理措施及应急预案。

高压区全过程远程控制，无人值守（图 6.1）。远程快速开关，液压控制保证井口安

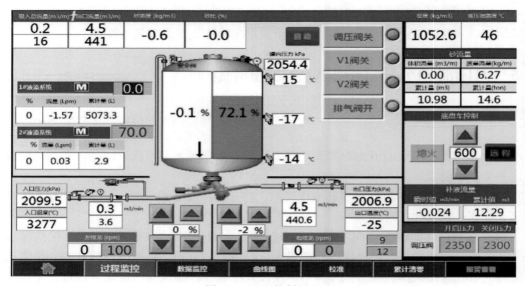

图 6.1　远程控制界面

全；远程旋塞阀控制，超压泄压保护、泵车配套单流阀、耐低温螺纹脂（−46℃密封脂），保证地面安全。

6.7　应急反应管理要求

6.7.1　应急反应原则

（1）按"保护生命、环境和财产"优先权排列实施应急预案。

（2）疏散无关人员，清点人数，最大限度减少人员伤亡。

（3）及时报警并向有关部门报告。

（4）切断危险源，防止二次险情发生。

（5）保持通信畅通，随时掌握险情发展动态。

（6）正确分析现场情况，划定危险区域。

（7）保护好现场，迅速控制事态发展。

6.7.2　应急反应要求

（1）一旦事故或突发事件发生时，班组应急指挥负责组织现场应急工作，其他各岗人员在应急指挥的组织下，要认真判断情况，按《应急预案》要求果断采取措施，不能有效处理时，应尽快报告施工作业队或采油厂、油气工程研究院或上级主管单位应急领导小组。

（2）一旦接到事故或突发事件发生报告时，施工作业队应急领导小组人员要正确判断情况，尽快赶到现场，组织、协调各岗位协同作战，并按应急预案的要求果断采取措施，保证及时地处理；当本级组织不能有效处理时，应尽快报告采油厂、油气工程研究院或上级主管单位应急领导小组并做好配合工作。

6.7.3　应急反应程序

应急反应程序如图6.2所示。

6.7.4　施工现场应急程序

（1）严格执行《压裂施工作业指导书》，工程技术员按照其要求设置好超压报警压力。

（2）施工时井场设置警示牌，高压区禁止站人。

（3）泵工随时检查大泵工作情况，混砂泵工检查液面供液情况，发现异常立即通知工程技术员，采取措施。

（4）压力突然上升且幅度较大时，工程技术员应立即通知仪表操作人员停泵。

（5）停泵不及时发生憋爆管线险情后，工程技术员迅速上报采油厂、油气工程研究院或上级主管单位调度。

（6）有人员伤害，立即送往医院救治。

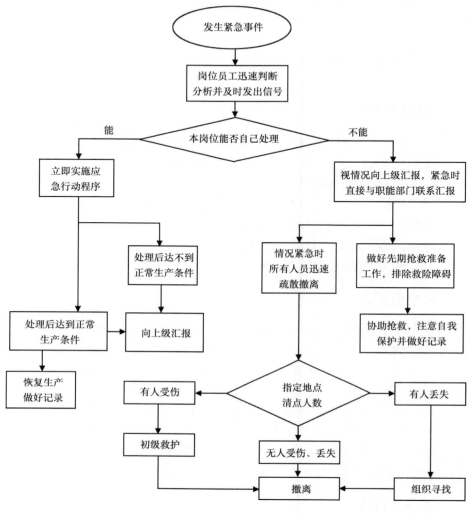

图 6.2　应急反应程序图

（7）有设备损坏立即通知设备管理部。

（8）管线憋爆后立即对流溢的污染物进行处理。

（9）调查事故原因，上报油田分公司。

（10）恢复生产。

6.7.5　应急疏散

当到达施工现场时，首先全面观察施工现场环境，确定管线和设备连接位置，确定风向、圈定高危险区，并进行明显标记，有专人巡视，防止非工作人员进入，画出应急疏散路线示意图，原则上向远离高风险区和逆风向逃生（图 6.3）。

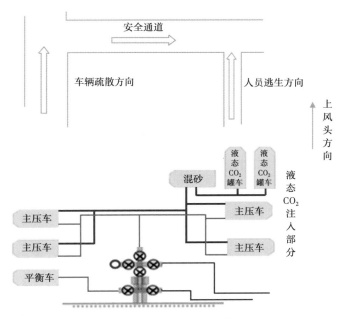

图 6.3　应急疏散路线示意图

7 压裂现场施工

2014—2017 年吉林油田先后进行 CO_2 无水压裂现场试验 19 井次，储层类型涵盖致密油藏、低压敏感性油气藏等，关键装备、材料、工艺、安全控制与增产机理等方面得到进一步验证。本章以 2 口典型施工井为例介绍了施工过程与压后效果，并系统总结了现场取得的认识。

7.1 现场施工总结

为了进一步发挥 CO_2 在油气藏的增产优势，根据 CO_2 压裂设计原则，明确了 CO_2 现场施工选井的原则。

（1）以致密油气藏和敏感性油气藏为主攻方向，重点解决能量补充难和压裂伤害问题，确保效果认识，挖掘技术潜力。

（2）地层压力系数低、能量不足、压裂液返排困难的产层，初期产量高、递减快、地层能量补充困难的致密油气藏为重点目标层段。

（3）产量低、甚至无产量层段。

（4）老井优选目前采出程度低，以往应用常规压裂投产、初产高但递减快的井以及油气层显示较好、试采效果差动静态不符层段。

（5）结合流体性质原油黏度较高和与 CO_2 混相压力较低的油井应予优先考虑，充分发挥 CO_2 蓄能压裂驱油效应。

7.1.1 总体施工情况

吉林油田 CO_2 无水压裂实现一次性施工排量 $8m^3/min$，砂量 $23m^3$，液量 $860m^3$，各项施工参数均取得重大突破。现场施工总体情况如表 7.1 所示。

表 7.1　吉林油田 CO_2 无水压裂施工参数表

井号	压裂段（m）	射厚（m）	压裂工艺	排量（m^3/min）	砂量（m^3）	平均砂比（%）	液量（m^3）	施工压力（MPa）
H+79−31−45	1584.8~1588.0	3.2	油管压裂	4.0~4.2	8.0	3.3	480.0	53~55
H87−22−4	2292.4~2345.0	15.6		2.4~3.3	—	—	573.2	40~61
H87−19−17	2295.0~2274.4	9.6		2.4~3.8	8.4	5.8	601.0	38~63
H87−11−13	2251.0~2260.8	9.0		4.0~4.2	8.0	3.3	480.0	53~55
H87−7−7	2292.4~2340.6	9.2		3.8~4.2	15.0	5.1	582.0	46~70
C11	2162.0~2172.0	10.0		2.5~3.0	3.0	1.5	602.0	55~60
R11−12−12	1730.8~1757.0	21.0		5.0~6.0	23.0	6.2	860.0	41~54

续表

井号	压裂段 （m）	射厚 （m）	压裂 工艺	排量 （m³/min）	砂量 （m³）	平均砂比 （%）	液量 （m³）	施工压力 （MPa）
H87-11-4	2199.4~2214.6	12.8		4.5~7.6	11.0	4.3	657.0	22.4~33
R53P9-3	2268.8~2281.2	9.4		4.0~8.0	21.0	6.2	696.0	28~17.5
C2-14	1935.0~1942.5	6.0		6.0~7.4	19.8	6.4	653.5	20~27
H87-5-3	2183.4~2189.2	5.8		3.0~6.5	7.0	5.4	675.0	36~65
Y52-14-1	2743.0~2767.4	12.0		3.7~5.0	5.0	2.2	576.0	44~53
DS20	938.0~941.0	3.0	套管 压裂	5.2~5.7	15.5	4.9	564.0	40~53
F245	2042.0~2076.8	10.8		6.0~7.9	13.5	3.0	646.0	31~43
Y52-16-4	2850.0~2878.4	9.0		3.0~3.4	4.0	2.2	648.0	41~52
Y52-16-2	2793.4~2820.0	9.8		3.0~4.0	5.0	3.1	695.0	48~54
Y52-16-5	2737.0~2769.0	12.6		5.0~5.5	3.3	1.5	687.0	46~50
H87-6-5	2318.0~2360.4	11.0		5.2~8.2	9.0	4.0	835.0	21~37
H87-15-3	2305.2~2215.2	17.6		8.0	8.0	2.5	500.0	30~40

7.1.2 典型井例分析

7.1.2.1 井例1：R53P9-3井

R53区块位于松辽盆地南部中央坳陷区R字井构造南部，东邻扶新隆起带孤店逆断层、北邻新立构造、西邻乾安构造。区域上为向西南倾的斜坡带，斜坡带受区域性挤压扭应力作用，形成了北北西走向的褶皱带，并伴随与褶皱带轴向平行的一系列断裂带。油藏类型属于在西倾斜坡背景下的断层岩性油藏，属于典型的致密油藏。

综合探评井及开发井试油试采特征综合分析，其中R53区块主力含油砂组为泉四段的Ⅲ砂组和Ⅳ砂组，其中Ⅲ砂组8小层是R53区块主力出油小层。整体为三角洲平原沉积，发育分流河道、分流河道边部、间湾沉积微相。平面上分流河道主要呈网状、条带状展布，展布方向以西南方向为主，延伸较远。向区块西北方向，河道发育宽度及规模逐渐变小。

本区泉四段储层岩性以灰色和灰褐色粉砂岩、细砂岩为主，岩性主要为岩屑长石砂岩或长石岩屑砂岩。岩石颗粒粒径一般为0.03~0.25mm，岩石颗粒分选中等—好，圆度为次棱角—次圆。颗粒之间接触关系以点状及点—线状接触为主。岩石碎屑成分主要由石英、长石、岩屑组成，骨架颗粒以石英、长石、岩屑为主，其中石英含量为28%~35%，平均为32%；长石含量为32%~40%，平均为37%；岩屑含量为27%~34%，平均为31.3%。

根据R53区块内泉四段油层物性分析资料统计：油层孔隙度一般为6.0%~12.0%，平均为8.7%；渗透率一般为0.06~2.0mD，平均为0.15mD。总体表现为低孔隙度、特低渗透特点。

扶余油层储层为中等偏强速敏，平均水敏指数为0.6，综合评价结果为中等偏强水敏；平均酸敏指数为0.78，综合评价结果为强酸敏；平均碱敏指数为0.24，综合评价结果为弱碱敏。

R53区块泉四段原油性质较好，地面原油密度一般为0.845~0.866t/m^3，平均0.855t/m^3；地面原油黏度（50℃）一般为10.20~23.60mPa·s，平均为17.20mPa·s；含蜡量平均为25.20%；含胶质量平均为14.20%；含沥青质量平均为0.90%；含硫量平均为0.05%；凝固点平均为30℃；初馏点平均为120℃。根据R27井高压物性取样资料分析，R53区块地层原油密度0.826t/m^3，原油黏度为5.60mPa·s，原始饱和压力为5.1MPa，原油体积系数为1.076，原始溶解气油比为27m^3/m^3。

R53区块泉四段地层水总矿化度分布范围一般为8445~15740mg/L，平均为10858mg/L；钾钠离子含量一般为2918~5602mg/L，平均为3882mg/L；氯离子含量一般为3280~6340mg/L，平均为4730mg/L；碳酸氢根离子含量一般为790~1879mg/L，平均为1161mg/L；pH值范围为7~9，水型以NaHCO$_3$型为主。

本区地温梯度为4.71℃/100m，地层压力梯度为0.9MPa/100m，R53区块平均油藏中部深度为2130m，计算地层温度为101.3℃，地层压力平均为19.4MPa。

施工及压后效果，R53P9-3井施工排量4~8m^3/min，加砂20.5m^3，液量696m^3，压力17.5~28MPa，关井（23d）至压力12.5MPa放喷，第四天见油，日产液11t，日产油8.2t，压力4.5MPa，通过本井的实施，为致密油井提高单井产能和开发方案的制订提供了试验依据（图7-1）。

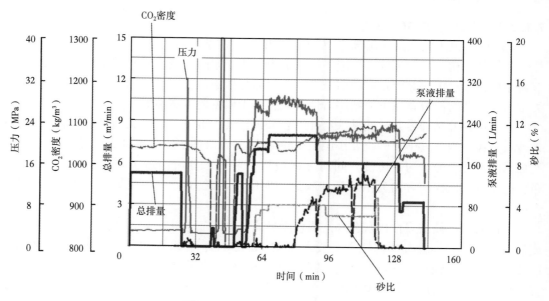

图7.1　R53P9-3井压裂施工曲线

7.1.2.2　井例2：R11-12-12井

R11区块位于鼻状构造的翼部，东北方向受断层遮挡，形成良好的油气运移和聚集条件。油藏类型是一受砂体上倾尖灭圈闭控制的构造岩性油藏。在R11区块储层普遍较发育，油气受斜坡背景和断层控制，形成断层岩性油藏。油藏驱动类型为天然水驱和弹性、溶解气驱。R11区块油井2005年8月投入开发，水井2005年5月开始注水，超前注水，目前油井处于二次递减开发阶段。R11区块开发的目的层是泉四段的扶余油层，分4个砂组：Ⅰ砂组包括1小层、2小层、3小层、4小层；Ⅱ砂组包括5小层、6小层、7小层；Ⅲ砂组包括8小层、9小层、10小层；Ⅳ砂组包括11小层、12小层。目的层泉四段7小层、9小层、11小层、12小层属于主产层。主要矛盾：注得进、采不出，单井产量低，普通压裂措施效果差。本次在R11区块开展CO_2无水压裂单井试验，目的在于验证CO_2无水压裂增产技术的可行性，为提高三低储层产能提供一种有效的增产方式，为下一步措施工作打开局面、明确攻关方向提供有力依据。

施工情况及压后效果，R11-12-12井施工排量$5\sim6m^3/min$，加砂$23m^3$，CO_2液量$860m^3$，压力$41\sim54MPa$，井口压力7MPa，日产液1.5t，日产油1.2t，对比压前产油增加1倍，邻井R11-10-12油压由0.5MPa上升至12.4MPa，储层蓄能效果明显，R11-01等4口井产油量分别增加$0.2\sim0.6t$，增产效果明显，为此类油藏提高开发效果探索了有效技术途径（图7.2和图7.3）。

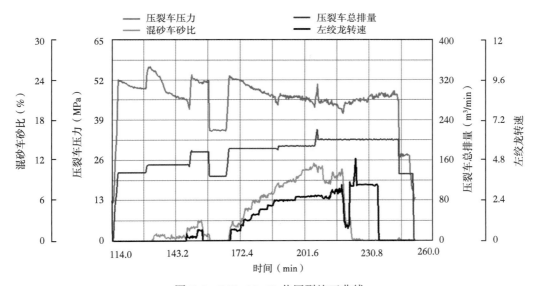

图7.2　R11-12-12井压裂施工曲线

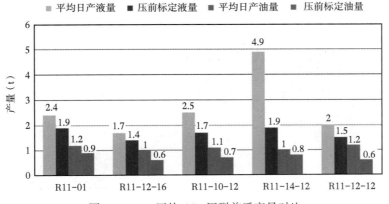

图7.3　R11区块CO_2压裂前后产量对比

7.2 取得的认识

7.2.1 相态变化规律

根据理论分析和现场监测，明确了CO$_2$无水压裂投产全过程中CO$_2$相态变化规律。

7.2.1.1 地面CO$_2$相态变化

地面CO$_2$相态变化如图7.4所示。

（1）点1：储罐中（温度−20℃，压力2.1MPa），CO$_2$为液态。

（2）点2：经过增压泵车加压后的液态CO$_2$。

（3）点3和点4：压裂泵车出口的状态：压裂开始时由于CO$_2$温度低，地面管线出现结霜现象，当压力达到40MPa以上时，由于压力升高，CO$_2$温度也升高，地面管线上的霜融化，此过程中CO$_2$仍为液态（图7.5）。

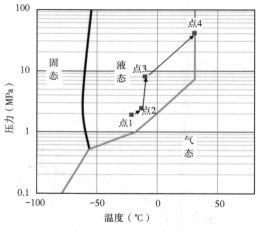

图7.4　CO$_2$相态分析图

图7.5　CO$_2$压裂过程中地面管线结霜现象

7.2.1.2   井筒中 CO_2 相态分析

随着施工时间的增加,液态 CO_2 与超临界 CO_2 的比例趋于稳定,占比约为 7/3(图7.6)。储层埋藏越深,地温梯度越大,CO_2 处于超临界状态的比例越高。

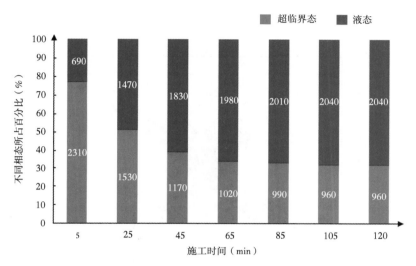

图 7.6   压裂施工过程 CO_2 在井筒中相态变化图(井深 3000m)

7.2.1.3   井底 CO_2 相态分析

从图7.7可以看出,压裂施工、关井和放喷过程中井底 CO_2 始终处于超临界状态,超临界 CO_2 易与储层原油混相,是实现增产的基础。

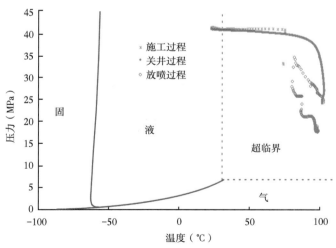

图 7.7   H87-22-4井施工过程井下 CO_2 相态变化

7.2.2   波及体积

前期现场监测表明,CO_2 无水压裂在施工、关井和放喷过程井底 CO_2 处于超临界状态,超临界 CO_2 黏度低、滤失系数大（ $1.833×10^{-2}$ ）有利于提高压裂改造体积。为了明确

CO_2 无水压裂改造效果，利用井下微地震裂缝监测手段，结果表明 H+79-31-45 井 CO_2 用液量 440m³，压裂波及体积 $71×10^4m^3$；同等液量下 HHP27 井第 3 段采用常规水力压裂技术改造体积为 $27×10^4m^3$，改造体积是水基压裂的 2.6 倍，大幅度增大改造体积，有效增加单井控制储量（图 7.8 和图 7.9）。

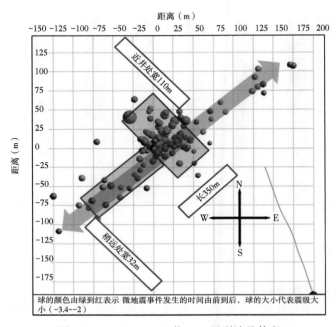

图 7.8　H+79-31-45 井 CO_2 压裂波及体积

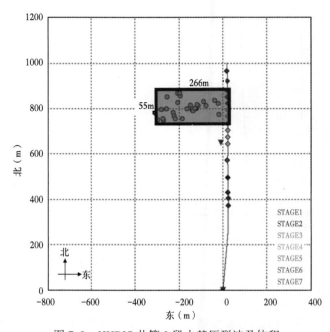

图 7.9　HHP27 井第 3 段水基压裂波及体积

7.2.3 混相驱

CO_2 无水压裂施工期间，井底压力远大于原油最小混相压力，压后闷井过程井底压力长时间高于原油混相压力（图 7.10 和图 5.51）。

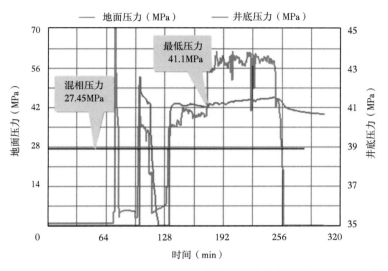

图 7.10 H87-22-4 井施工压力变化

CO_2 无水压裂施工后，定期跟踪评价原油组分变化情况，发现混相增产周期为 8 个月，混相增产主要体现在 3 个方面：一是 CO_2 压裂井原油组分中重组分增加，C_{13} 以上重烃较压前明显增加，轻质组分减少，原油组分变化持续 8 个月恢复到压前水平（图 7.11）；二是 CO_2 压后投产含水率降低，由压前的 21.4% 降到 12.2%，后期上升到 19.2%；三是 CO_2 压裂井气组分中 CO_2 含量增加，由压前 4.5% 增加到 63%，后期下降至 55%（图 7.12）。

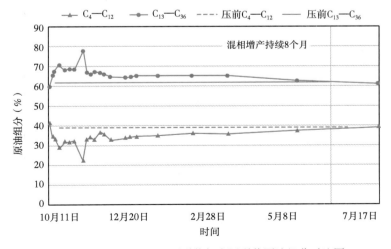

图 7.11 H87 区块 CO_2 压裂井与未压裂井原油组分对比图

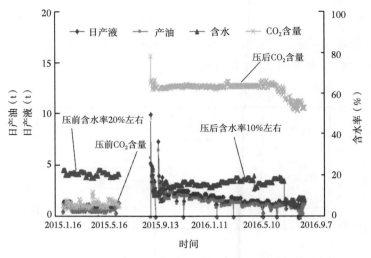

图 7.12　H87 区块压后投产含水率及 CO_2 含量变化曲线

7.2.4　蓄能效果

CO_2 无水压裂具有蓄能效果，通过软件分析 H87-22-4 井井底流压的变化情况，井底流压上升，供液半径增加，蓄能增产效果明显。

H87-22-4 井施工注入液态 CO_2 573m³，地层压力由原始 22.11MPa 提高到 24.39MPa；H87-11-1 井施工滑溜水液量 1508m³，地层压力由原始 22.05MPa 提高到 25.26MPa（图 7.13 和图 7.14）；单位液量液态 CO_2 提高地层压力幅度为滑溜水的 1.9 倍（表 7.2）。

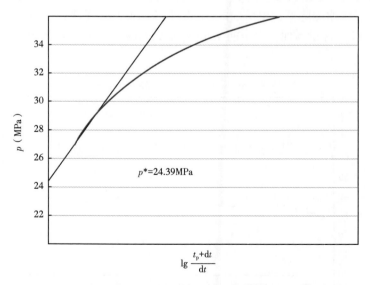

图 7.13　H87-22-4 井压后压降霍纳曲线分析图

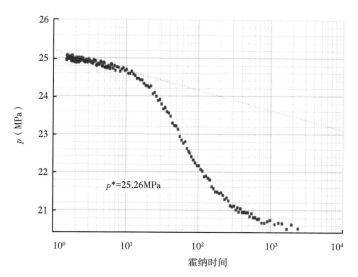

图 7.14 H87-11-1 井压力恢复试井霍纳曲线

表 7.2 CO₂ 无水压裂与滑溜水体积压裂效果比较

井号	工艺	压裂排量 （m³/min）	压裂液量 （m³）	原始地层压力 （MPa）	地层压力测压 （MPa）	单位液量地层压力上升 （MPa/1000m³）
H87-22-4	CO₂ 无水压裂	2.4~3.3	573	22.11	24.39	3.98
H87-11-1	滑溜水体积压裂	6~10	1507.9	22.05	25.26	2.13

8 评价及发展方向

本章从增产、节水与CO_2埋存效果三个方面，对CO_2无水压裂技术的经济与社会效益展开综合评价，并针对该技术在前期研究与生产实践中暴露出的问题，提出下一步的攻关目标与发展方向。

8.1 经济、社会效益评价

8.1.1 增产及节水效果

CO_2无水压裂用于致密油藏重复压裂取得了显著的增油效果。统计致密油藏（H87区块、R11区块）23口常规重复压裂井，压后平均日产液2t，日产油0.6t。对比常规重复压裂技术，H87区块、R11区块CO_2无水压裂8口井压后日产油是常规重复压裂的1倍以上，致密油藏8口井对比压前累计增油量达1600t（图8.1）。

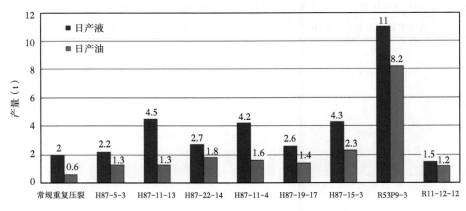

图8.1 CO_2无水压裂与常规重复压裂产量对比

为标定CO_2无水压裂节水效果，统计CO_2无水压裂井平均注入量630m³，压后平均日产油2.4t；水基压裂井平均注入量380m³，压后平均日产油0.6t。即在致密油藏，1单位体积CO_2产油量与2.4单位体积水基压裂液相当。以CO_2无水压裂井平均注入量630m³计，单井次CO_2无水压裂能够节水资源1512m³。

8.1.2 碳封存效果

要实现有效封存，CO_2应保持在超临界状态下注入地质层位中。在超临界状态下，CO_2密度与液体接近，但运移能力与气体相似，易于在储层中扩散，在原油中的溶解能力也更强。图 7.7 的 CO_2 无水压裂现场监测数据表明，在无水压裂施工、闷井和放喷过程中，CO_2 长期处于超临界状态，且储层埋藏越深、地温梯度越大，CO_2 处于超临界状态的比例越高。

为评估 CO_2 无水压裂埋存效果，选择 H87 区块作为研究对象，建立整个区块的地质模型，并对 H87-11-4、H87-5-3、H87-7-7 三口无水压裂施工井进行了网格加密处理（图 8.2 和图 8.3）。该模拟区面积 4.45km²，覆盖了研究区内所有采油井及注水井，平均孔隙度 0.12，平均渗透率 0.2mD。模型平面上南北方向分为 34 个网格，东西方向分为 53 个网格，纵向根据最新地质解释成果分为 26 个模拟层，整个模型的网格数为 46852 个。

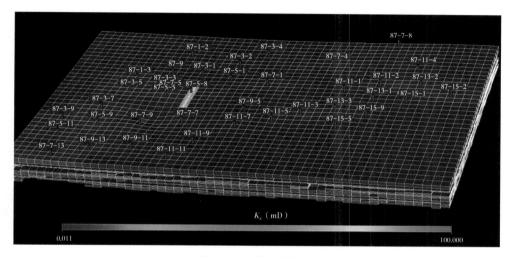

图 8.2　区块地质模型

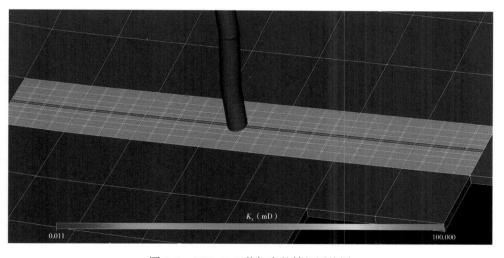

图 8.3　H87-7-7 井加密的精细网格图

拟合得到 3 口井的 CO_2 采出程度随时间变化曲线如图 8.4 所示，其中 H87-11-4 井、H87-5-3 井、H87-7-7 井最终 CO_2 埋存率分别为 83.87%、71.57% 和 73.77%，平均埋存率为 76.46%。与 CO$_2$ 提高采收率技术相比，CO$_2$ 无水压裂埋存率提高约 30%。同时，返排的 CO$_2$ 在井口收集后通过简单分离，可以用于下次无水压裂施工。

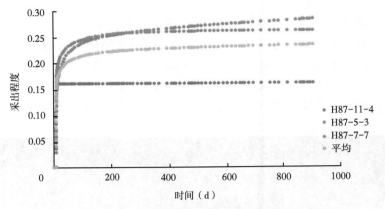

图 8.4　三口井 CO$_2$ 采出程度随时间变化曲线

CO$_2$ 无水压裂技术封存效率高于 CO$_2$ 提高采收率技术一个主要原因是它的注入压力更高（30~70MPa）、注入排量更大（3~8m^3/min），CO$_2$ 在高压力高排量作用下穿透性和扩散能力进一步提升，能够进入微纳米尺寸的孔隙，大幅提高波及范围。当压裂结束后这部分 CO$_2$ 在气液相界面张力的作用下滞留于孔隙中，作为束缚气封存于地层。此外，通过构造地层遮挡、溶解于地层流体以及与地层矿化水反应等作用，也是实现无水压裂 CO$_2$ 埋存的重要作用机制[113-117]。

8.2　发展方向

随着国民经济快速发展，中国石油进口依存度持续攀高。目前，中国已经超过美国成为全球原油第一大进口国，据中国石油天然气集团有限公司统计，2018 年中国的石油对外依存度达到了 67.4%，已经创下新高。与此同时，中国致密油气、页岩油气等非常规资源十分丰富，开发潜力巨大。初步评价，中国非常规油气可采资源量约为（890~1260）×10^{8}t 油气当量，是常规油气的 3 倍左右。非常规油气资源是当前最为现实的接替资源，实现其规模有效开发，是中国"能源独立"的必由之路，战略意义重大。

水平井钻井+分段压裂技术是非常规油气资源开发主体技术，随着支撑剂类型转换和成本下降，加上最新的岩石力学知识和更优化的完井设计，通过缩短段间距、减少簇间距、增加压裂液量、提高每米加砂强度和全程大排量滑溜水等一系列措施来显著增加完井强度，促使裂缝复杂化，实现超级规模缝网，从而提高单井产量，大幅提高油井的整体性能。BP 公司在 2015 年至 2018 年，压裂施工平均段间距从 91m 缩短至 37m，簇间距从 23m 缩短到 6m，加砂强度从 2.2t/m 提升至 5.2t/m，加液强度从不到 20m^3/m 提升到 52m^3/m。特别在海恩斯维尔深层页岩气藏，10 年间水平段平均长度从 1500m 增加到 2500m，提升了 66.7%；平均压裂段数从 8 段增加至 43.5 段，提升了 440%；预估最终采收率增加高达 450%（图 8.5）。

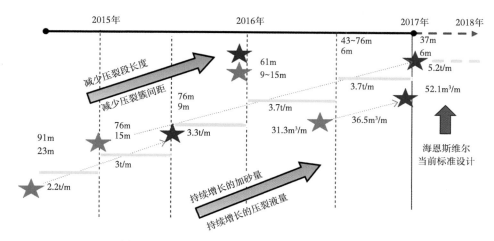

图 8.5 BP 公司 2015—2018 年压裂工程参数变化

大规模压裂与高密度完井给 CO_2 无水压裂技术带来了全新的挑战。目前，吉林油田 CO_2 无水压裂工艺具备供液 $1500m^3$，供砂 $27m^3$，最大施工排量 $12m^3/min$ 的施工能力。以水平井平均段间距 37m 计算，目前最大加砂强度仅 $0.97t/m$（支撑剂密度 $1.33g/cm^3$），最大液量 $40.54m^3/m$，主要施工参数水平尤其是加砂强度难以满足高密度完井需求。

因此，要提高 CO_2 无水压裂技术水平、进一步拓展其技术应用领域，必须大幅提高其施工加砂规模。然而，由于密闭混砂车造价昂贵，为提高施工加砂规模而去造多台密闭混砂车以提高加砂规模并不现实。可以采取两种技术思路解决该问题。

一是设计连续加砂系统（图 8.6）。在原有密闭混砂车基础上，增加敞口砂罐、输砂设备以及密闭料斗 2 个（或多个）。施工前仍然在混砂罐内预装支撑剂，冷却加压；加砂阶段开始后，使用输砂设备从敞口砂罐向密闭料斗 1 上砂，上砂完毕后关闭上砂阀 1，利用补液管汇 2 对密闭料斗 1 注入液态 CO_2 使其增压、降温，待密闭料斗 1 内储存条件接近

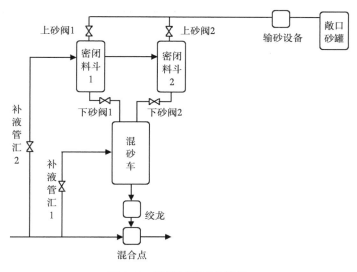

图 8.6 连续加砂工艺流程

混砂罐内条件时，打开下砂阀1，对混砂罐内支撑剂进行补充，加砂完毕后关闭下砂阀1；与此同时，打开上砂阀2，向密闭料斗2内加砂，重复前述过程。两台密闭料斗交替工作，保证连续加砂。所述输砂设备可以选用风送输砂装置或倾倒加砂方式，视具体使用情况而定。使用该工艺实现了施工过程中由敞口砂罐向密闭混砂车的连续加砂，能够有效解决施工加砂规模受限的问题。

二是设计敞口加砂装置（图8.7）。液体添加剂（压裂液稠化剂或其他类型夹带剂）与敞口砂罐内的支撑剂混合形成泥浆，利用特殊泥浆泵将混合流体注入带压主管汇中。为防止混合流体与液态 CO_2 混合后导致压裂液气化，注入时需要在混合罐内使用液氮快速制冷。使用该工艺的难点是泥浆泵的设计和夹带流体与支撑剂的混合比例优化。为保证压裂液体系不偏离 CO_2 无水压裂液体系并节约施工成本，要求支撑剂的夹带流体用量尽可能小。因此如何实现少量夹带流体携带大量支撑剂注入带压主管汇内是主要难题。

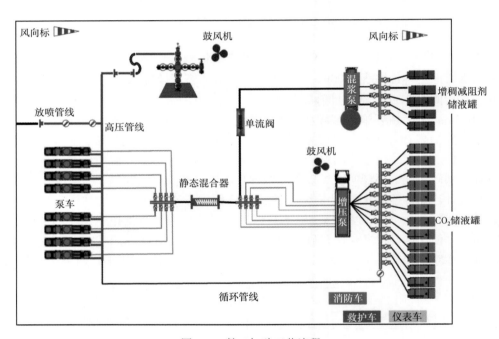

图 8.7   敞口加砂工艺流程

此外，CO_2 无水压裂供液规模也是该技术的关键点之一。尽管目前的供液能力能达到 1500m³/L，但 CO_2 气源每吨数百元的高昂价格使得现阶段该技术难以真正用于大规模压裂，严重阻碍了其推广应用。因此，目前该技术仅在拥有稳定 CO_2 气源供应的吉林、长庆、延长等油田取得了良好的发展。

一方面 CO_2 高昂的价格使得油田以提高采收率、压裂为主要需求的 CO_2 气源无法得到保障，另一方面国内又存在 CO_2 排放量居高不下引起的捕集封存的强烈需求。然而现实情况是老的排放源捕集运输成本很高，新的排放源仍然难以形成地域上的战略联盟，其中的错位主要是缺乏统一有高度跨行业战略布局导向或操作机构。从油田角度来看，国内以水力压裂、水驱为主的油田开发技术非常成熟，开发水平居世界前列，大多数主力油田还没有到非 CO_2 无水压裂无法有效开发的地步，捕集大量零散的 CO_2 需要多方协调，再加上政府的支持力度不够和地方保护主义存在，长距离跨行政地区输送变数多，这些都是企业不能不考虑的现实问题。未来，伴随低碳经济导向下温室气体埋存需求日趋旺盛，能源开发与水资源短缺矛盾进一步加剧，以及 CO_2 捕集运输成本的进一步降低，CO_2 无水压裂技术有望成为非常规油气开发的重要接替技术之一，助力非常规油气资源高效、绿色开发。

8.3 其他无水压裂技术

和水力压裂相比，CO_2 无水压裂在原油降黏、地层能量补充、气体吸附等方面具有明显优势。但该技术还处于小规模测试和应用阶段，在技术上存在一定缺陷。

（1）CO_2 无水加砂压裂施工需配备特殊的密闭混砂装置，其有限体积限制了施工加砂规模。

（2）液态 CO_2 的输送及其在高压密闭储罐中的储存，会给现场施工带来一定风险。

（3）CO_2 黏度低（油藏条件下约 $0.02 \sim 0.1\mathrm{mPa \cdot s}$）。低黏度导致压裂液滤失严重（滤液进入低渗透率的岩石基质），降低携砂性能（支撑剂输送），限制造缝能力（裂缝开度小）。

（4）在 CO_2 无水压裂施工过程中，为实现支撑剂的有效输送，通常需要相应提高施工排量，导致极高的摩阻压力损失，现场施工需配备使用高性能的地面泵注设备。

为了提高无水压裂技术的适用性和有效性，可根据油藏和技术特点，适当发展其他无水压裂技术，作为对 CO_2 无水压裂技术的补充。目前，除 CO_2 无水压裂外，还有 LPG 压裂、LNG 压裂、N_2 压裂、液氨压裂等无水压裂技术[118-124]。

8.3.1 LPG 压裂技术

8.3.1.1 技术简介

液化石油气（LPG）用作压裂液已有 50 年的历史，技术开发初期主要针对常规储层，经过多年现场试验后，研究人员发现它更适用于非常规储层，能够消除高毛细管压力引起的水相滞留问题[121,122]。2007 年，加拿大 GasFrac 公司开始使用 LPG 凝胶对页岩进行压裂改造，并获成功。目前，该技术在美国和加拿大一共应用超过 1500 井次。

高压丙烷（液态）是 LPG 压裂技术中所使用的主要流体。在多数情况下，为提高携砂能力，还需在压裂前对 LPG 进行凝胶化处理（稠化剂为低碳多烷基磷酸酯）。施工过程中，LPG 保持液态，施工结束后蒸发为气态，并与储层气体混合或溶解于储层原油中[28,120]。

通过凝胶处理后，LPG 具有稳定的黏度（大于 $40\mathrm{mPa \cdot s}$），有利于支撑剂的均匀铺置。相比于 CO_2 无水压裂技术，LPG 压裂无须特殊冷却及排放设备，成本相对较低。LPG 为天然气工业的副产品，来源广泛，室温下易于储存。最后，施工结束后没有返排液需运离井场，节约了废液处理成本（常规水力压裂的关键问题）。

8.3.1.2 技术优势

LPG 压裂技术的主要优势是可以维持生产井的长期高产。与 CO_2 无水压裂一样，LPG 压裂能够消除水敏及水锁污染，并通过与原油互溶提升原油流动性能。由于 LPG 凝胶后黏度远高于 CO_2，LPG 压裂液拥有更佳的滤失和携砂性能。

此外，该技术具有循环可持续且环保的特点，压裂液的循环利用效率超过95%。施工不消耗水资源（无须处理返排液）。压裂液属于惰性，不与储层岩石矿物发生反应，在生产初期，压裂液即可被完全回收（且可循环利用）。

8.3.1.3 技术缺陷

LPG压裂技术的主要缺陷如下：

（1）不同于常规水基压裂，LPG压裂要求密闭储存压力0.2~0.8MPa；

（2）LPG易燃易爆，与空气混合爆炸范围是1.7%~9.7%，遇到明火立即发生爆炸，使用时一定要防止泄漏。因此，在保障施工人员安全的前提下，该技术更适用于低人口密度的环境。

（3）LPG所需的泵注压力极高，且每次施工结束后需将LPG再次液化，施工成本高于水力压裂。

（4）LPG的密度大于空气，会富集于地表，给人畜的健康带来威胁。

8.3.1.4 适用的地质条件

该技术应用不存在明显的地质和地质化学条件的限制，相关文献中也没有相关的佐证和讨论。

8.3.1.5 国内外应用情况

2008年，在加拿大McCully首次开展了100%LPG压裂施工的先导性实验，截至2013年底应用超过1500井次，改造过超过45种不同的储层，压裂最深地层4000m，应用储层温度15~149℃；LPG压裂液在美国、加拿大交界的Bakken页岩油层分段改造中也得到了广泛的应用。国内目前还没有压裂应用先例。LPG压裂施工现场如图8.8所示。

图8.8　LPG压裂施工现场

8.3.2　LNG 压裂技术

8.3.2.1　技术简介

2011 年，ENFRAC 公司（2014 年被 Millennium 公司收购）为开发一种无水、低成本且现场易获取的压裂液体系，首次将液化天然气（LNG）用作压裂携砂液。

液化天然气（LNG）压裂技术是将天然气冷却至 $-162℃$，液化形成 LNG，储存于密闭容器中并运输至井场备用。在压裂施工过程中，首先将 LNG 加热、加压。由于温度和压力同时升高，LNG 的体积保持不变。LNG 与常规携砂液（可能含有支撑剂）在井口混合后进入井筒再到储层，压裂储层。依据附加压裂液种类的不同，LNG 的体积占比也会变化。当 LNG 与水组合使用时，体积占比为 50%；当与水基泡沫组合使用时，体积占比为 60%~95%；当与油基压裂液组合使用时，体积占比为 10%~70%（ENFRAC 公司，2016 年）。贝克休斯（2014 年）就凝胶 LNG 压裂技术申请专利，但未见对该技术的更详细报道。

总体来说，目前 LNG 压裂技术仅仅是一种用水量很少的压裂方法，以增能压裂技术为主，并非纯粹的无水压裂技术。和其他无水压裂技术相比，LNG 具有易于就地获取、施工后可回收的特点。例如，CO_2 成本较高，并非在所有现场都易于获取，同时需要在油气生产前充分分离出 CO_2；而 LPG 压裂技术虽然已在现场成功应用，但相比于 LNG，现场获取更难，且存在固有的安全风险。

8.3.2.2　技术优势

与水不同，用作压裂液的天然气可与气态烃混合，且极易溶解于液态烃。在压裂施工结束后，通过现有的油气生产设施产出碳氢化合物可实现注入天然气的回收。此外，由于天然气可在井场就地获取，所以无须负担高昂的运输费用。

8.3.2.3　技术局限性

液化天然气温度极低（$-162℃$），现有 CO_2 混砂设备采用聚氨酯发泡胶（耐低温 $-60℃$）作为保温措施，无法满足 LNG 压裂需求，需要全部采用新型耐低温工艺（夹层填充珠光砂并抽真空）。压裂泵车需要采用耐低温液氮泵车，设备成本极高。

8.3.3　N_2 压裂技术

8.3.3.1　技术简介

N_2 压裂技术出现于 20 世纪 80 年代初期。在俄亥俄州泥盆纪页岩储层的现场改造试验中，将液态 N_2 运至井场并加热至蒸发，温度变高后，气态氮单独作为一种压裂液，在大排量、高压力条件下注入地层，成功地实现了储层改造[25]。1985 年，在俄亥俄州华盛顿郡进行了另一次 N_2 压裂的现场试验，改造目的层为泥盆纪页岩储层。施工中，未加入支撑剂的 60% 的纯 N_2 对储层进行气动致裂，完成造缝；余下的 40% N_2 携带粒径为 423~625μm 的支撑剂被注入井筒，N_2 与砂粒在井筒中混合后，由 N_2 携至裂缝中[26]。

8.3.3.2　技术优势

N_2 压裂技术主要用于具有水敏性、脆性且埋藏浅的非常规油气藏。使用 N_2 代替水基压裂液（如滑溜水），能够有效避免水敏、水锁伤害。N_2 是一种具有强压缩性的惰性气体，黏度较低，携砂能力较弱。使用纯 N_2 对天然裂缝发育的脆性岩层进行压裂改造的效果最理想，在压裂泵注停止后，裂缝能够实现有效的自支撑。

该技术还具有其他优势：氮气来源广，价格低廉；惰性强，不与储层岩石发生化学作用或改变岩石的物理性质，所以不会造成地层伤害；施工结束后，返排迅速（清理速度快）；不会对环境造成影响。

8.3.3.3 技术缺陷

Rogala 等研究指出 N_2 压裂技术具有多方面优势，是一种非常好的技术解决方案。但是他们也发现使用高速气流携带支撑剂，会给设计和现场施工带来裂缝形态难以确定、喷砂口磨蚀等多方面问题，而且此项技术仅适用于可产生自支撑裂缝的浅层储层的改造施工[120]。

8.3.3.4 适用的地质条件

N_2 为惰性气体，不与储层岩石矿物发生反应。N_2 的密度较小，会影响静水压力及井底处理压力（BHTP），因此仅适用于浅层油气井的改造施工。考虑 N_2 的密度，对施工目的储层的最大深度进行合理估算，最大可施工深度为 1600m。另外，N_2 有限的携砂能力也限制了其应用，只适用于那些能够在改造后产生自支撑裂缝（裂缝壁面破裂）的地层。所以，该技术不适用于软岩及弹塑性岩石，而仅适用于高脆性指数的岩石，这类岩石会发生小型破碎，从而保持裂缝开启。

8.3.3.5 国内外应用情况

20 世纪七八十年代，N_2 压裂被大量用于北美地区页岩气开发，施工井深 750~1400m。美国东部阿巴拉契亚盆地 15 口气井施工说明，氮气压裂的单井产量及经济效益低于 CO₂无水压裂（图 8.9）。

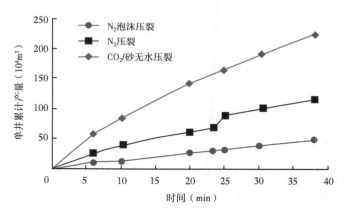

图 8.9　不同无水压裂技术单井累计产量-时间曲线

此外，N_2 压裂也包含采用液态 N_2 作为压裂介质的压裂技术，该技术与 CO₂ 无水压裂特点类似，两者有以下主要区别。

（1）CO₂ 临界温度高（31.1℃），在井筒和进入裂缝初期仍能保持为液态，携砂性能好；而 N_2 则会变为超临界态，携砂性能将大幅下降。

（2）CO₂ 密度大于 N_2，因此在井筒中将获得更大的井筒静压，地面施工压力相对于 N_2 压裂低。

由于液态 N_2 携砂性能极差，液态 N_2 压裂只适用于不需支撑剂即可良好改造储层，对于需要支撑剂维持导流能力的情况，液态 N_2 压裂技术并不适用（图 8.10）。此外，液态 N_2 压裂对压裂设备的耐低温性能要求极高，加大了设备成本。

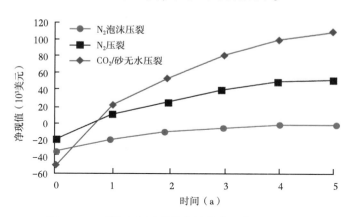

图 8.10　不同无水压裂技术单井净现值–时间曲线

8.3.4　液氦压裂技术

液氦作为压裂液的情况鲜有报道[28]，但法国科技选择评估局议会办公室曾对其进行了相关研究。

8.3.4.1　技术简介

科迈拉能源公司对液氦压裂技术的介绍如下：该技术无需向井筒内泵注蒸汽、凝胶LPG、天然气或其他热流体。施工作业核心仅为惰性元素，这些元素在任何方面都是无毒或无腐蚀性的。首先，在水平井套管上进行气动射孔，目标区域为套管周围地带。根据井中套管尺寸，将可移动的压力塞置于最合适的间隔位置，分割水平段，以便加压。然后，注入液态氦气增大压力，开启原有裂缝，压开新裂缝，在放热控制下，氦气由液态转变为气态，体积增加 757 倍，体积的迅速膨胀为裂缝开启和形成提供充足压力。在该压力作用下，分段裂缝的改造效果成倍增加。考虑到液氦性质以及其在多孔介质中的性能，该技术仍存在诸多问题和不确定性。

8.3.4.2　技术特点

（1）氦气的分子尺寸在所有分子中是最小的，其在固体中的扩散速率极高，因此，该过程不需要溶剂，甚至不需要水和其他化学添加剂。（2）在标准条件下，氦气无毒无害，不会造成环境污染。（3）尽管在已知宇宙中，氦是仅次于氢的最丰富的元素，但在大气中，氦含量仅为百万分之 5.25，在地壳储量中排第 71（十亿分之八）。按照目前的价格，液氦压裂技术的预计成本极高。

8.3.5　无水压裂技术对比分析

上文总结了 LPG 压裂、LNG 压裂、N_2 压裂及液氦压裂等无水压裂技术的技术内涵、优势缺陷、使用地质条件及现场应用情况。通过对比分析不难发现，CO_2 无水压裂与 LPG 压裂技术拥有更好的技术适应性，并已获得大量的现场应用。与 LPG 压裂相比，CO_2 无水压裂造缝网能力更强，施工成本更低，安全风险更小。

与其他无水压裂技术相比，CO_2 无水压裂还涉及温室气体埋存问题。全球气候变化对生态系统和人类生存环境造成了严重威胁，中国作为一个负责任的大国，在节能减排方面对国际社会做出了郑重承诺，2020 年单位 $GDPCO_2$ 排放比 2005 年降低 40%~45%，2030年单位 GDP CO_2 排放比 2005 年下降 60%~65%。作为一个发展中国家，中国的节能减排形势非常严峻。习近平总书记在中共十九大报告中也提出，"推进能源生产和消费革命，构建清洁低碳、安全高效的能源体系"。因此，CO_2 无水压裂除了能够提高单井产量与最终采收率、节约水资源，还可以实现 CO_2 埋存，具有重要的社会意义。综上，CO_2 无水压裂有望带来一场低品位油气资源绿色开采的技术革命，具有极佳的应用前景。

参 考 文 献

［1］孙赞东，贾承造，李相方．非常规油气勘探与开发［M］.北京：石油工业出版社，2011.

［2］贾承造，郑民，张永峰．中国非常规油气资源与勘探开发前景［J］.石油勘探与开发，2012，39（2）：
129-136.

［3］邹才能，张国生，杨志，等．非常规油气概念、特征、潜力及技术——兼论非常规油气地质学［J］.
石油勘探与开发，2013，40（4）：385-399.

［4］李玉喜，张金川．我国非常规油气资源类型和潜力［J］.国际石油经济，2011，19（3）：61-67.

［5］邹才能，杨智，朱如凯，等．中国非常规油气勘探开发与理论技术进展［J］.地质学报，2015，89
（6）：979-1007.

［6］贾承造，邹才能，李建忠，等．中国致密油评价标准、主要类型、基本特征及资源前景［J］.石油学
报，2012，33（3）.

［7］王永辉，卢拥军，李永平，等．非常规储层压裂改造技术进展及应用［J］.石油学报，2012，33（s1）：
149-158.

［8］吴奇，胥云，王晓泉，等．非常规油气藏体积改造技术——内涵、优化设计与实现［J］.石油勘探与
开发，2012，39（3）：352-358.

［9］杜金虎，刘合，马德胜，等．试论中国陆相致密油有效开发技术［J］.石油勘探与开发，2014，41
（2）：198-205.

［10］林森虎，邹才能，袁选俊，等．美国致密油开发现状及启示［J］.岩性油气藏，2011，23（4）：25-32.

［11］张琪．采油工程原理与设计［M］.东营：中国石油大学出版社，2006.

［12］Holditch S A. Tight gas sands［C］. SPE 103356, 2006.

［13］王永辉，卢拥军，李永平，等．非常规储层压裂改造技术进展及应用［J］.石油学报，2012，33
（s1）：149-158.

［14］邹才能．非常规油气地质［M］.北京：地质出版社，2011.

［15］张东晓，杨婷云．美国页岩气水力压裂开发对环境的影响［J］.石油勘探与开发，2015，42（6）：
801-807.

［16］Arthur J D, Bohm B K, Cornue D. Environmental considerations of modern shale gas development［C］.
SPE 122931, 2009.

［17］Vengosh A, Jackson R B, Warner N, et al. A critical review of the risks to water resources from unconven-
tional shale gas development and hydraulic fracturing in the United States［J］. Environmental Science &
Technology, 2014, 48（15）：34-48.

［18］Cohen H A, Parratt T, Andrews C B. Potential contaminant Pathways from hydraulically fractured shale to
aquifers［J］. Ground Water, 2013, 51（3）.

［19］Warner N R, Christie C A, Jackson R B, et al. Impacts of shale gas wastewater disposal on water quality in
western pennsylvania［J］. Environmental Science & Technology, 2013, 47（20）：11849-11857.

［20］唐霞，曲建升．我国能源生产与水资源供需矛盾分析和对策研究［J］.生态经济（中文版），2015，
31（10）：50-52.

［21］沈镭，刘立涛．中国能源可持续发展区域差异及其因素分析［J］.中国人口资源与环境，2010，20
（1）：17-24.

［22］鲍淑君，贾仰文，高学睿，等．水资源与能源纽带关系国际动态及启示［J］.中国水利，2015，
（11）：6-9.

［23］Lillies A T. Sand fracturing with liquid carbon dioxide［C］. SPE 11341, 1982.

［24］Rogala A, Krzysiek J, Bernaciak M, et al. Non-aqueous fracturing technologies for shale gas recovery［J］.

Physicochemical Problems of Mineral Processing, 2013, 49 (1): 313-322.

[25] Abel J C. Application of nitrogen fracturing in the Ohio shale [C]. SPE 10378, 1981.

[26] Gottschling J C, Royce T N. Nitrogen Gas and Sand: A new technique for stimulation of Devonian shale [C]. SPE 12313, 1985.

[27] Palmer C, Sito Z. Nitrogen and carbon dioxide fracturing fluids for the stimulation of unconventional shale plays [J]. Oil & Gas, 2013, 30 (1): 191-198.

[28] Gandossi L. An overview of hydraulic fracturing and other formation stimulation technologies for shale gas production [R]. JRC Technical Reports EUR-26347-EN, 2013.

[29] Gupta D V S, Brannon D H. Method of fracturing with liquefied natural gas: US, 10012062 [P]. 2014.

[30] Tudor R, Vozniak C, Peters W, et al. Technical advances in liquid CO₂ fracturing [C]. PETSOC 94-36, 1994.

[31] Yost A B I, Mazza R L, Remington R E. Analysis of production response to CO₂/sand fracturing: a case study [C]. SPE 29191, 1994.

[32] Luk S, Apshkrum M. Economic optimization of liquid CO₂ fracturing [C]. SPE 35601, 1996.

[33] Gupta D V S, Bobier D M. The history and success of liquid CO₂ and CO₂/N₂ fracturing system [C]. SPE 40016, 1998.

[34] Arnold D L. Liquid CO₂-sand fracturing: 'the dry frac' [J]. Fuel & Energy Abstracts, 1998 (3): 185.

[35] Campbell S M, Fairchild N R Jr., Arnold D L. Liquid CO₂ and sand stimulations in the Lewis Shale, San Juan Basin, New Mexico: A case study [C]. SPE 60317, 2000.

[36] Bybee, Karen. Liquid-free CO₂/sand stimulations: an overlooked technology [J]. Journal of Petroleum Technology, 2002, 54 (04): 68-68.

[37] 张强德, 王培义, 杨东兰. 储层无伤害压裂技术—液态CO₂压裂 [J]. 石油钻采工艺, 2002, 24 (4): 47-49.

[38] Gupta D V S. Field application of unconventional foam technology: Extension of liquid CO₂ Technology [C]. SPE 84119, 2003.

[39] 刘合, 王峰, 张劲, 等. 二氧化碳干法压裂技术——应用现状与发展趋势 [J]. 石油勘探与开发, 2014, 41 (4): 466-472.

[40] Sinal M L, Lancaster G. Liquid CO₂ fracturing: Advantages and limitations [J]. The Journal of Canadian Petroleum Technology, 1987, 26 (5): 26-30.

[41] Kelemen P B, Matte, J. From the Cover: In situ carbonation of peridotite for CO₂ storage [J]. Proceedings of the national academy of sciences of the United States of America, 2008, 105 (45): 17295.

[42] Bullen R S, Lillies A T. Carbon dioxide fracturing process and apparatus: US, 4374545 [P]. 1983.

[43] Gupta D V S. Unconventional fracturing fluids for tight gas reservoirs [C]. SPE 119424, 2009.

[44] Meng W, Kai H, Weidong X, et al. Current research into the use of supercritical CO₂, technology in shale gas exploitation [J]. International Journal of Mining Science and Technology, 2018, 29 (5): 739-744.

[45] Middletona R, Viswanathana H, Curriera R, et al. CO₂ as a fracturing fluid: Potential for commercial-scale shale gas production and CO₂ sequestration [J]. Energy Procedia, 2014, 63: 7780-7784.

[46] 苏伟东, 宋振云, 马得华, 等. 二氧化碳干法压裂技术在苏里格气田的应用 [J]. 钻采工艺, 2011, 33 (4): 39-40.

[47] Yang F, Deng J, Xue Y. Jiangsu Oilfield's carbon dioxide cyclic stimulation operations: Lessons learned and experiences gained [C]. SPE 139599, 2010.

[48] Wang F, Wang Y C, Zhu Y Z, et al. Application of liquid CO₂ fracturing in tight oil reservoir [C]. SPE 182401, 2016.

［49］ Yang Q H, Meng S W, Fu T, et al. Well and layer selection method study of CO_2 waterless fracturing ［C］. SPE 192431, 2018.

［50］ Meng S W, Yang Q H, Chen S, et al. Fracturing with pure liquid CO_2：A case study ［C］. SPE 191877, 2018.

［51］ 刘洪波, 程林松, 宋立新, 等. 注超临界气体井筒温度压力场计算方法 ［J］. 石油大学学报（自然科学版）, 2004, 28（1）.

［52］ Gupta A P, Gupta A, Langlinais J. Feasibility of supercritical carbon dioxide as a drilling fluidfor deep underbalanced drilling operation ［R］. SPE 96992, 2005.

［53］ 孟庆学, 王玉臣, 李成. 高凝油井筒温度场分析及热力参数优选 ［J］. 油气井测试, 2007, 16（z1）：47-49.

［54］ 赵金洲, 任书泉. 井筒内液体温度分布规律的数值计算 ［J］. 石油钻采工艺, 1986, 8（3）：49-57.

［55］ Alves I N, Alhanati F J S, Shoham O . A unified model for predicting flowing temperature distribution in wellbores and pipelines ［J］. SPE Production Engineering, 1992, 7（4）：363-367.

［56］ 宋辉. 井筒瞬态温度场研究与应用 ［J］. 石油钻采工艺, 1994, 16（2）：67-72.

［57］ 薛秀敏, 李相方, 吴义飞, 等. 高气液比气井井筒温度分布计算方法 ［J］. 天然气工业, 2006, 26（5）：102-104.

［58］ 吴晓东, 王庆, 何岩峰. 考虑相态变化的注 CO_2 井井筒温度压力场耦合计算模型 ［J］. 中国石油大学学报（自然科学版）, 2009, 33（1）.

［59］ 窦亮彬, 李根生, 沈忠厚, 等. 注 CO_2 井筒温度压力预测模型及影响因素研究 ［J］. 石油钻探技术, 2013, 41（1）：76-81.

［60］ 孙小辉, 孙宝江, 王志远, 等. 临界二氧化碳压裂裂缝内温度场计算方法 ［C］. 全国水动力学研讨会. 2014.

［61］ 郭春秋, 李颖川. 气井压力温度预测综合数值模拟 ［J］. 石油学报, 2001, 22（3）：100-104.

［62］ Lv X R, Zhang S C, Yu B H, et al. The wellbore temperature test and simulation analysis for liquid carbon dioxide fracturing management ［C］. SPE 176187, 2015.

［63］ Span R. Multi-parameter equation of state：An accurate source of thermodynamic property data. Germany：Springer-Verlag Press, 2000：15-56.

［64］ Span R, Wagner W. A new equation of state for carbon dioxide covering the fluid region fromthe triple-point temperature to 1100 K at pressures up to 800 MPa ［J］. Journal of Physical and Chemical Reference Data, 1996, 25（6）：1509-1596.

［65］ Fenghour A, Wakeham W A, Vesovic V. The viscosity of carbon dioxide ［J］. Journal of Physical and Chemical Reference Data, 1998, 27（1）：31-44.

［66］ Meng S W, Liu H, Xu J G, et al. The Evolution and Control of Fluid Phase During Liquid CO_2 Fracturing ［C］. SPE 181790, 2016.

［67］ 韩布兴. 超临界流体科学与技术 ［M］. 北京：中国石化出版社, 2005.

［68］ 彭英利, 马承愚. 超临界流体技术应用手册 ［M］. 北京：化学工业出版社, 2005.

［69］ Harris T, Irani C, Pretzer W. Enhanced oil recovery using CO_2 flooding：US, 4913235 ［P］, 1990.

［70］ Godec M L, Phil D , Kuuskraa V A . Opportunities for using anthropogenic CO_2 for enhanced oil recovery and CO_2 storage ［J］. Energy & Fuels, 2013, 27（8）：4183-4189.

［71］ Eshkalak M O, Al-shalabi E W, Sanaei A, et al. Enhanced gas recovery by CO_2 sequestration versus re-fracturing treatment in unconventional shale gas reservoirs ［C］. SPE 172083, 2014.

［72］ Ribeiro L H, Li H, Bryant J E. Use of a CO_2-hybrid fracturing design to enhance production from unpropped-fracture networks ［J］. SPE Production & Operations, 2016.

［73］Ishida T, Aoyagi K, Niwa T, et al. Acoustic emission monitoring of hydraulic fracturing laboratory experiment with supercritical and liquid CO$_2$ ［J］. Geophysical Research Letters, 2012, 39.

［74］Ushifusa H, Inaba K, Sugasawa K, et al. Measurement and visualization of supercritical CO$_2$ in dynamic phase transition ［C］, 2015.

［75］Zhou D W, Zhang G Q. Effects of super-critical CO$_2$ phase change on dynamic multi-fracturing process in reservoir stimulation ［C］. ARMA 17-585, 2017.

［76］Kim T H, Cho J, Lee K S. Evaluation of CO$_2$ injection in shale gas reservoirs with multi-component transport and geomechanical effects ［J］. Applied Energy, 2017, 190: 1195-1206.

［77］Lezzi A, Bendale P, Enick R M, et al. 'Gel' formation in carbon dioxide-semifluorinated alkane mixtures and phase equilibria of a carbon dioxide-perfluorinated alkane mixture ［J］. Fluid Phase Equilibria, 1989, 52 (12): 307-317.

［78］Enick R. CO$_2$ gels and methods of making: US, 4921635 ［P］, 1990.

［79］Bae J, Irani C. A laboratory investigation of thickened CO$_2$ process ［C］. SPE 20467, 1990.

［80］Wikramanayake R, Turberg M, Enick R. Phase behavior and 'gel' formation in CO$_2$/semifluorinated alkane systems ［J］. Fluid Phase Equilibria, 1991, 70: 107-118.

［81］Hoefling T A, Stofesky D, Reid M, et al. The incorporation of a fluorinated ether functionality into a polymer or surfactant to enhance CO$_2$-solubility ［J］. J. Supercritical Fl. 1992, 5: 237-241.

［82］DeSimone J, Guan Z, Elsbernd C S. Synthesis of fluoropolymers in supercritical carbon dioxide ［J］. Science, 1992, 257: 945-947.

［83］DeSimone J, Maury E E, Menceloglu Y Z, et al. Dispersion polymerizations in supercritical carbon dioxide ［J］. Science, 1994, 265: 356-359.

［84］Shen Z, McHugh M A, Xu J, et al. CO$_2$-solubility of oligomers and polymers that contain the carbonyl group ［J］. Polymer, 2003, 44: 1491-1498.

［85］Zhang S Y, She Y H, Gu Y G. Evaluation of polymers as direct thickeners for CO$_2$ enhanced oil recovery ［J］. Journal. of Chemical and Engineering Data, 2011, 56: 1069-1079.

［86］Wang H, Li G, Shen Z. A feasibility analysis on shale gas Exploitation with Supercritical Carbon Dioxide ［J］. Energy Sources, Part A: Recovery, Utilization, and Environmental Effects, 2012, 34 (15): 1426-1435.

［87］Gu Y G, Zhang S Y, She Y H. Effects of polymers as direct CO$_2$ thickeners on the mutual interactions between a light crude oil and CO$_2$ ［J］. Journal of Polymer, 2013, 20: 61-73.

［88］Trickett K, Xing D, Enick R, et al. Rod-like micelles thicken CO$_2$ ［J］. Langmuir, 2010, 26 (1): 83-88.

［89］Terry R, Zaid A, Angelos C, et al. Polymerization in supercritical CO$_2$ to improve CO$_2$/oil mobility ratios ［C］. SPE 16270, 1987.

［90］Lezzi A, Enick R, Brady J. Direct viscosity enhancement of carbon dioxide ［M］. 1989.

［91］Quadir M A, Desimone J M. Chain growth polymerizations in liquid and supercritical carbon dioxide ［J］. Acs Symposium, 1997, 713 (1): 156-180.

［92］Enick R, Beckman E, Yazdi A, et al. Phase behavior of CO$_2$-perfluoropolyether oil mixtures and CO$_2$-perfluoropolyether chelating agent mixtures ［J］. Journal of Supercritical Fluids, 1998, 13 (s 1-3): 121-126.

［93］Enick R, Beckman E, Shi C M, et al. Formation of fluoroether polyurethanes in CO$_2$ ［J］. Journal of Supercritical Fluids, 1998, 13 (1): 127-134.

［94］Heller J P, Dandge D K, Card R J, et al. Direct thickeners for mobility control of CO$_2$ floods ［C］. SPE 11789, 1985.

［95］Xu J H, Wlaschin A, Enick R M, et al. Thickening carbon dioxide with the fluoroacrylate-styrene copolymer ［C］. SPE 71497, 2001.

［96］ Lee J, Dhuwe A, Cummings S D, et al. Polymeric and small molecule thickeners for CO_2, ethane, propane, and butane for improved mobility control ［C］. SPE 179587, 2016.

［97］ Eastoe J, Dupont A, Steytler D C, et al. Micellization of economically viable surfactants in CO_2 ［J］. Journal of Colloid & Interface Science, 2003, 258 （2）: 367-373.

［98］ Enick R. The effect of hydroxyl aluminum disoaps on the viscosity of light alkanes and carbon dioxide ［C］. SPE 21016, 1991.

［99］ Gullapalli P, Tsau J S, Heller J. Gelling behavior of 12-hydroxystearic acid in organic fluids and dense CO_2 ［C］. SPE 28979, 1995.

［100］ Llave F M, Chung T H, Burchfield T E. Use of Entrainers in improving mobility control of supercritical CO_2 ［J］. SPE Reservoir Engineering, 1990, 5 （1）: 47-51.

［101］ Huang Z H, Shi C M, Xu J H, et al. Enhancement of the viscosity of carbon dioxide using styrene/fluoroacrylate copolymers ［J］. Macromolecules, 2000, 33: 5437-5442.

［102］ Meng S W, Zhang J, Lu G W, et al. Thickening carbon dioxide by designing new block copolymer ［J］. Adv Mat Res, 2014, 1021: 20-24.

［103］ Zhang J, Meng S W, Liu H, et al. Improve the performance of CO_2-based fracturing fluid by introducing both amphiphilic copolymer and nano-composite fiber ［C］. SPE 176221, 2015.

［104］ 崔日哲, 吕亮, 刘东, 等. 一种压裂混砂装置: 中国, 203244941 ［P］. 2013.

［105］ Marold R, Panah A. Well Production CO_2 equipment ［DB/OL］. http://www.trican.ca/Services/wellproductionco2equipment.aspx, 2014.

［106］ Meng S W, Liu H, Xu J G, et al. The optimisation design of buffer vessel based on dynamic balance for liquid CO_2 fracturing ［C］. SPE 182281, 2016.

［107］ Meng S W, Liu H, Yang Q H, et al. Improve the stability of sand feeding process for liquid CO_2 fracturing with synergetic multi Disciplinary systems ［C］. SPE 186181, 2017.

［108］ Zheng L C, Meng S W, Chen S, et al. Development and application of key equipment of CO_2 waterless fracturing ［C］. SPE 192069, 2018.

［109］ Richard M K, Nick J D, Bernard T N. System and apparatus for creating a liquid carbon dioxide fracturing fluid. U.S, 9896922 ［P］, 2014.

［110］ Asadi M, Scharmach W, Jones T. Water-free fracturing: A case study ［C］. SPE 175988, 2015.

［111］ Meng S W, Liu H, Xu J G, et al. Optimisation and performance evaluation of liquid CO_2 fracturing fluid formulation system ［C］. SPE 182284, 2016.

［112］ Li X, Feng Z J, Han G, et al. Breakdown pressure and fracture surface morphology of hydraulic fracturing in shale with H_2O, CO_2 and N_2 ［J］. Geomechanics and Geophysics for Geo-Energy and Geo-Resources. 2016, 2: 63-76.

［113］ Zou Y S, Li N, Ma X F, et al. Experimental study on the growth behavior of supercritical CO_2-induced fractures in a layered tight sandstone formation ［J］. Journal of Natural Gas Science and Engineering, 2018, 49: 145-156.

［114］ Fang C L, Chen W, Amro M. Simulation study of hydraulic fracturing using super critical CO_2 in Shale ［C］. SPE 172110, 2014.

［115］ Wang J, Elsworth D, Wu Y, et al. The influence of fracturing fluids on fracturing processes: A comparison between water, oil and SC-CO_2 ［J］. Rock Mechanics & Rock Engineering, 2018, 51 （1）: 299-313.

［116］ Zou Y S, Li S H, Ma X F, et al. Effects of CO_2-brine-rock interaction on porosity permeability and mechanical properties during supercritical-CO_2 fracturing in shale reservoirs ［J］. Journal of Natural Gas Science and Engineering, 2018, 49: 157-168.

[117] Khosrokhavar R, Griffiths S, Wolf K H. Shale gas formations and their potential for carbon storage: opportunities and outlook [J]. Environmental Processes, 2014, 1 (4): 595−611.

[118] Li X, Feng Z J, Han G, et al. Hydraulic Fracturing in Shale with H_2O, CO_2 and N_2. ARMA 15−786, 2015.

[119] Middleton R S, Carey J W, Currier R P, et al. Shale gas and non−aqueous fracturing fluids: Opportunities and challenges for supercritical CO_2 [J]. Applied Energy, 2015, 147 (3): 500−509.

[120] Rogala A, Krzysiek J, Bernaciak M, et al. Non−aqueous fracturing technologies for shale gas recovery [J]. Physicochemical Problems of Mineral Processing, 2013, 49: 313−322.

[121] Han Liexiang, Zhu Lihua, Sun Haifang, et al. LPG waterless fracturing technology [J]. Natural Gas Industry, 2014, 34 (6): 48−54.

[122] Myers, R. LPG Fracturing in the marcellus shale using public domain information [C]. SPE 191815−18ERM−MS, 2015.

[123] 陆友莲, 王树众, 沈林华, 等. 纯液态CO_2压裂非稳态过程数值模拟 [J]. 天然气工业, 2008 (11): 99−101, 150−151.

附表 CO₂ 无水压裂施工作业相关标准及法规

序号	标准、法规名称	标准、法规号	发布、施行时间
1	二氧化碳无水压裂施工推荐做法	Q/SY JL10101	2018-5-22
2	二氧化碳无水压裂设计规范	Q/SY JL10005	2018-5-22
3	油、气、水井压裂设计与施工及效果评估方法	SY/T 5289—2016	2016-6-1
4	吉林油田公司石油与天然气井下作业井控管理规定	JLYT-ZC-01-02-2017	2017-5-17
5	中华人民共和国安全生产法		2014-12-1
6	中华人民共和国环境保护法		2015-1-1